Ulrich Manthey · Norbert Schuster

Agamen

mit 50 Farbfotos und 20 Schwarzweißfotos
sowie 3 Zeichnungen

Terrarien Bibliothek

Inhalt

Allgemeiner Teil

Seite

Spezieller Teil mit Pflegehinweisen

Arten der Gattungen

Titelbild: Ralf Heselhaus (Calotes versicolor)

ISBN: 3-9801853-4-6

Satz und Druck: Thiekötter Druck GmbH, Münster

Vorwort

Obwohl Agamen eine äußerst eigentümliche und variable Familie bilden und zahlreiche Arten auch gehalten werden, sind sie bisher in der terraristischen Literatur stark vernachlässigt worden. Durch unser Buch soll dieses Informationsdefizit verringert und ein erster Überblick gegeben werden. Unsere Absicht ist es nicht, ein Rezeptbuch anzubieten nach dem Motto: „Man nehme ... und erhalte gesunde Echsen mit zahlreicher Nachzucht." Dazu ist das Thema viel zu komplex. Außerdem sind über das Verhalten vieler Arten keinerlei Daten bekannt. Vielmehr wollen wir unsere terraristischen Erfahrungen weitergeben und sie durch Feldbeobachtungen ergänzen. Dabei soll nicht verschwiegen werden, daß wir auch auf die Mithilfe anderer Terrarianer und Naturwissenschaftler angewiesen waren.

Zahlreiche Nachzuchterfolge der letzten Jahre beweisen nachdrücklich das hohe Niveau der heutigen Terraristik. Leider stehen den Erfolgen auch Mißerfolge gegenüber, die es zu reduzieren gilt. Durch die Terrarienhaltung gewinnen wir einen Einblick in das Verhalten vieler Tierarten, bei denen längere Studien in freier Natur kaum durchführbar sind. Doch ist es nicht realisierbar, alle natürlichen Faktoren, wie z. B. Klima, Feinde, Reviergröße oder Nahrungsspektrum, im Terrarium nachzuvollziehen. Daher müssen die aus der Terraristik gewonnenen Erkenntnisse auch mit einer gewissen Skepsis betrachtet werden. Sie können Freilandstudien zwar ergänzen, nicht aber ersetzen.

Wenn dieses kleine Buch dazu beiträgt, dem Anfänger die bizarre Welt der Agamen näher zu bringen und es auch dem erfahrenen Terrarianer noch etwas Neues zu bieten vermag, so wäre unser Ziel erreicht.

Berlin/Darmstadt, im Herbst 1992

Ulrich Manthey, Norbert Schuster

Danksagung

Für die mannigfache Hilfe möchten wir allen herzlich danken. Insbesondere den Damen U. Bott, Bonn, J. Henkel, J. Loewen und S. Porcu, alle Darmstadt sowie den Herren M. Bartz, W. Denzer, beide Berlin, B. Eidenmüller, Frankfurt/M., Dr. R. Günther, Berlin, Dr. U. Joger, Dieburg, A. Manning, Australien, J. Nabhitabhata, Thailand, C. Steiof und F. Tillak, beide Berlin. Besonderer Dank gebührt unseren Frauen – Sibylle, für die zeitaufwendige Korrektur sowie für ihre Teilnahme an den oft strapaziösen Exkursionen und Ursel, für die Pflege der Agamen.

Last but not least danken wir dem Verlag für die stets vertrauensvolle und konstruktive Zusammenarbeit.

Einleitung

Durch den Ferntourismus und einen sich ausdehnenden internationalen Handel sind heute Arten erhältlich, über deren Biologie kaum etwas bekannt ist. In den letzten Jahren wurden erstmals häufiger Agamen aus dem indonesischen Raum eingeführt, und in naher Zukunft sind Echsen auch aus solchen asiatischen Ländern zu erwarten, die erst kürzlich ihre Grenzen geöffnet haben. Um einen kompletten Überblick zu geben, werden alle Gattungen vorgestellt. Ebenfalls ausschlaggebend dafür sind umfangreiche systematische Arbeiten aus jüngster Vergangenheit, verbunden mit zahlreichen Änderungen der Gattungsnamen, die bei australischen Agamen recht konfus waren. Das auch nach Artnamen sortierte Register am Schluß des Buches erleichtert jedoch das Auffinden der einzelnen Species.

Die in einer Gattung zusammengefaßten Arten sehen sich nicht nur ähnlich, auch ihr Verhalten sowie ihre Nahrungsansprüche weichen häufig wenig voneinander ab. Aus diesem Grund und um Wiederholungen auf ein Minimum zu beschränken, haben wir z. B. Empfehlungen zur Terrarienhaltung oft nur bei der Gattungsbeschreibung angegeben. Davon abweichende Besonderheiten sind bei den vorgestellten Arten aufgeführt. Ebenso haben wir es vermieden, bei den Agamen, die überwiegend Insekten fressen, jedesmal die gesamte gleiche Nahrungspalette aufzuzählen, die sie zusätzlich aufnehmen, wie z. B. Spinnen oder kleine Wirbeltiere. Der allgemeine Teil enthält aber genügend Hinweise zur Nahrung sowie Tips zum Terrarienbau und zur -einrichtung. Einige Kapitel wurden bewußt kurz gefaßt. Dadurch können wir mehr Arten vorstellen, unter denen sich auch einige sogenannte seltene Species befinden.

Zur Tierpflege gehört neben einer großen Portion „Fingerspitzengefühl" auch die Verantwortung für das Lebewesen. Anzustreben ist daher eine artgerechte, auf Nachzuchten ausgerichtete Haltung.

Systematik

Fachausdrücke, Bedeutung, Geschichte: Unter dem Ausdruck *Systematik* versteht man die Untersuchung der Arten und der Vielgestaltigkeit der Organismen sowie ihre Beziehungen untereinander. Die *Taxonomie* dagegen ist die Theorie und Praxis der *Klassifikation* der Organismen. Teilweise überschneiden sich die Inhalte

beider Begriffe. Einerseits kennzeichnet die *Klassifikation* Ergebnisse der Taxonomen, andererseits bezeichnet sie das Klassifizieren selbst: „Zoologische Klassifikation ist das Einordnen von Tieren in Gruppen auf der Grundlage ihrer Ähnlichkeit und Verwandtschaft" (MAYR).
In der Systematik wird durch Vergleiche untersucht, welche Besonderheiten jede Art und jedes höhere Taxon innehaben (Taxon = taxonomische Gruppe beliebigen Ranges; Art, Gattung, Familie usw., die so verschieden ist, daß eine Zuordnung in eine bestimmte Kategorie gerechtfertigt erscheint). Weiterhin wird nach Ursachen für unterschiedliche oder gemeinsame Merkmale geforscht.
Die Art ist das niedrigste Taxon und zugleich das einzige, welches objektiv definiert ist: „Arten sind Gruppen sich miteinander kreuzender natürlicher Populationen, die hinsichtlich ihrer Fortpflanzung von anderen derartigen Gruppen isoliert sind" (MAYR).
Als Vater der heutigen Taxonomie gilt der schwedische Naturforscher Linnaeus (1707-1778). In der 10. Ausgabe seines Systema naturae (1758) wandte er die binäre Nomenklatur erstmals für das Tierreich einheitlich an. Alle davor verwendeten Tiernamen sind heute ungültig. Das folgende Jahrhundert wurde durch ständig neu entworfene Systeme geprägt, die sich jedoch nicht durchsetzen konnten. Erst Darwin (1809-1882) gelang es, durch seine evolutionistischen Deutungen den Ursprung der verwandtschaftlichen Beziehungen herauszufinden: „Natürliche" Gruppen existieren, da die Vertreter einer solchen Gruppe von einem gemeinsamen Vorfahren abstammen. Damit war auch die Grundlage der modernen Systematik geschaffen.
Trotz modernster Untersuchungsmethoden stehen wir heute mit unserer Kenntnis über die Verwandtschaft mancher Tiergruppen immer noch fast am Anfang, so daß beispielsweise andere Gattungs- oder Familienaufteilungen unumgänglich sein werden.
Lit.: AX 1984, MAYR 1975.

Klassifikation der Agamen: Die Klasse der Kriechtiere (Reptilia) wird in verschiedene Ordnungen unterteilt. Die eigentlichen Schuppenkriechtiere (Squamata) bilden eine davon. Sie gliedert sich in zwei Unterordnungen, Schlangen (Serpentes) und Echsen (Sauria). Zur letzteren gehört die Familie Agamidae.
Das äußere Erscheinungsbild der Agamen gleicht dem der Leguane, verwandtschaftliche Beziehungen scheinen jedoch nicht vorhanden zu sein (MOODY 1980). Die unterschiedliche Gebißform der Agamen und Leguane darf nur auf die Backenzähne bezogen werden. Sie stehen bei Agamen genau auf der Oberkante des Kiefers (acrodont) und sind mit ihm und scheinbar auch untereinander an der Basis sehr fest verwachsen, so daß ein sägeartiger Knochenschnabel

entsteht. Ein Zahnverlust ist endgültig, da keine neuen Zähne nachwachsen.

Betrachtet man die uromastyxartigen Echsen als Unterfamilie (Uromastycinae) der Agamen, so unterscheiden wir heute ca. 340 Species, die auf 48 Genera aufgeteilt sind.

In einer Gattung werden Arten zusammengefaßt, die entweder einzelne anatomische oder morphologische (äußere) Merkmale oder meistens eine Kombination von mehreren Eigenschaften gemeinsam haben.

Nicht wenige Agamen zeigen ein so prägnantes, einzigartiges Aussehen oder eine so ausgefallene Anatomie, daß nur eine Art innerhalb einer Gattung bekannt ist. Von diesen monotypischen Gattungen sind bei den Agamen immerhin 18 vorhanden, das entspricht ca. 38%.

Lit.: EHMANN 1992, LEVITON et al 1992, MOODY 1980, MUSTERS 1983, PETERS 1984.

Das Weibchen von Lyriocephalus scutatus ist ein Beispiel für eine monotypische Gattung. Die Gattung Lyriocephalus besteht nur aus dieser einen Art.

Verbreitung

Die Agamen stellen das altweltliche Gegenstück der neuweltlichen Leguane dar. Die Verbreitungsgebiete dieser Familien überschneiden sich nicht, wenn man von den fragwürdigen Ausnahmen auf den pazifischen Fidji- und Tonga-Inseln absieht. Agamen kommen in Europa (Griechenland - einige Inseln, auf dem Festland teilweise eingeschleppt), Asien, Australien, einem Teil der pazifischen Inselwelt und Afrika vor. Der afrikanische Kontinent nimmt in mehrfacher Hinsicht eine Sonderstellung ein. Die Agamen schafften es nicht, die große Insel Madagaskar zu besiedeln (dort gibt es aber Leguane); weiterhin fehlen sie in großen Teilen Zentralafrikas sowie einem Küstenstreifen Südwest-Afrikas. Bemerkenswert ist außerdem, daß sich in Afrika keine Baumagamen mit dem dafür typischen Körperbau entwickelten.

Agamen haben sich durch Spezialisierung den unterschiedlichsten klimatischen und faunistischen Gegebenheiten angepaßt. Mit Ausnahme des Meeres bewohnen sie alle Lebensräume. In heißen

Agamen sind in der Alten Welt weit verbreitet. Sie kommen in Europa, Asien, Australien, auf verschiedenen pazifischen Inseln und in Afrika vor. Auf Madagaskar fehlen sie hingegen.

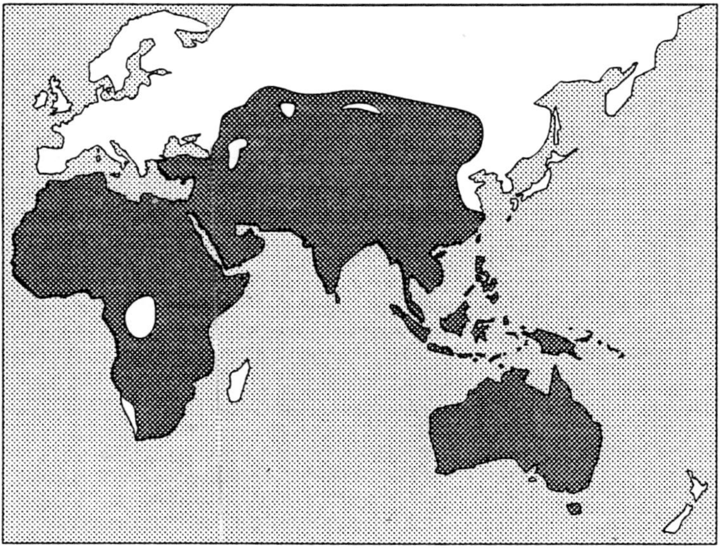

Wüsten sind sie ebenso zu finden wie in feuchten Regenwäldern. Erstaunlich und ein Beweis für das enorme Anpassungsvermögen ist das Vorkommen in höheren Lagen des Himalaya-Gebirges (ca. 6.000 m). Dort sind selbst im Sommer Temperaturstürze auf - 20 °C, verbunden mit Schneestürmen, keine Seltenheit.

Biologie

Die meist tagaktiven Agamen haben kräftig entwickelte Gliedmaßen und besitzen 5 Finger sowie 5 Zehen (mit Ausnahme von *Sitana ponticeriana),* deren Enden mit Krallen versehen sind. Der oft nicht regenerierbare Schwanz ist bei einigen Agamen als Greiforgan ausgebildet. Viele Arten sind in der Lage, ihre Augen unabhängig voneinander zu bewegen. Dadurch gelingt es ihnen, gleichzeitig in verschiedene Richtungen zu sehen. Zu Lautäußerungen sind sie gewöhnlich nicht fähig, aber auch hier gibt es Ausnahmen (z. B. *Calotes emma).* Sehr unterschiedlich sind die Anordnung und das Aussehen der Hautschuppen. Ebenso wie Chamäleons können viele Agamen ihre Färbung und Zeichnung extrem verändern. Ihre Körpertemperatur hängt von der Umgebungswärme ab (ektotherm). Farbänderungen und unterschiedliche Körperhaltungen ermöglichen aber eine beachtliche Regulation der aufgefangenen Wärme. Das Verdunkeln der Haut z. B. befähigt zur schnelleren Wärmeaufnahme in den frühen Morgenstunden. Nach erreichter Vorzugstemperatur erhellt sich die Haut und reflektiert einen Teil der Sonnenstrahlung.

Besonders Wüstenbewohner sind hochgradig spezialisiert, um unter extremen klimatischen Bedingungen zu überleben. Einige Agamen resorbieren mittels Vertiefungen an der Kloake soviel Wasser wie möglich aus dem noch nicht abgegebenen Kot. Die darin gelösten Salze werden durch bestimmte Drüsen in den Nasengängen wieder ausgeschieden. Andere nehmen durch winzige Kanälchen der Haut Wasser auf und führen es dem Maul zu.

Bei einigen Arten ist der Sexualdimorphismus so stark ausgeprägt, daß Weibchen mehr Ähnlichkeiten mit weiblichen Agamen anderer Arten haben, als mit dem artgleichen Männchen (z. B. *Gonocephalus bellii* u. *Gonocephalus borneensis).* Bei anderen fehlen sekundäre Geschlechtsmerkmale.

Etliche Agamen geraten ohne Winterruhe nicht in Paarungsstimmung. Oft steht die Balzzeit in engem Zusammenhang mit dem Monsunregen. Männchen umwerben in der Paarungszeit ihre Weibchen mit einer typischen Körpersprache und häufig auch mit einer

Eine typische Baumechse: Gonocephalus grandis, die Große Winkelkopfagame.

nur in dieser Zeit gezeigten Färbung. Artgleiche Weibchen werden dadurch angelockt und zur Paarung angeregt. Ein artspezifisches Verhalten des Weibchens signalisiert die Paarungsbereitschaft. Vor und während der Kopulation beißt das Männchen in den Nackenbereich oder in die Flanke des Weibchens.

In der Regel sind Agamen eierlegend. Überwiegend legen sie ihre Eier in selbstgegrabenen Löchern ab, die sie anschließend wieder schichtweise mit Bodensubstrat bedecken. Um die einzelnen Erdschichten genügend zu verfestigen, benutzen viele Arten ihren Kopf als Ramme und stoßen ihn in kurzen Abständen so heftig auf den Boden, daß es noch aus mehreren Metern Entfernung deutlich zu hören ist. Durch Feuchtigkeitsaufnahme vergrößern sich die mehr oder weniger weichschaligen Eier und nehmen an Gewicht zu, bis die Jungtiere schlüpfen.

Allgemein deuten Körperbau und andere äußerlich gut sichtbare Merkmale mit einiger Sicherheit auf den Lebensraum hin. Baumbewohner besitzen einen seitlich (lateral) abgeflachten Körper und sind oft zusätzlich durch große Kehlsäcke und Rückenkämme gekennzeichnet. Lange hintere Extremitäten weisen auf eine bipede (zweibeinige) Fortbewegung hin. Kurze, sehr kräftige Beine dagegen eignen sich hervorragend zum Graben. Bodenbewohnende Arten zeichnen sich durch einen von oben nach unten (dorsoventral) abgeflachten Körper aus. Wimpernähnliche Schuppen an den Rändern der Augenlider oder Fransen an den Zehen deuten auf einen Aufenthalt in sandigen Habitaten hin. Einige Arten sind schon mit 6-8 cm ausgewachsen, andere Agamen können die stattliche Gesamtlänge von über 1 m erreichen, wie z. B. die Segelechse (Hydrosaurus).

Haltung und Zucht

Grundsätzliche Überlegungen

Agamen sind besonders in der Eingewöhnungsphase sehr ruhebedürftig. Daher muß das Terrarium vor dem Einsetzen der Echsen komplett fertig sein. Dazu gehört eine Ausstattung, die den speziellen Ansprüchen der Tiere gerecht wird. Die meisten im Zoofachhandel angebotenen Terrarien eignen sich nicht für die Agamenhaltung. Wir müssen also selbst Hand anlegen oder nach unseren Plänen ein Terrarium anfertigen lassen.

Unterschiedliche Temperatur-, Feuchtigkeits- und Helligkeitsbereiche sind für alle Agamen unerläßlich. Das Sonnenlicht mit seinem breiten Spektrum elektromagnetischer Strahlung steuert den Lebensrhythmus, den Hormonhaushalt, den Stoffwechsel und regt das Immunsystem an. Für die künstliche Beleuchtung eignen sich Lampen, die ein sonnenlichtähnliches Spektrum aufweisen. Für die Ausleuchtung des helleren Terrarienteils sind nur Halogen-Metalldampflampen (HQI, ab 35 W mit Schraubfassung, ab 70 W mit Stecksockel) mit den dafür vorgesehenen Reflektoren wirtschaftlich einsetzbar. Bei kleineren Terrarien bieten andere Halogenstrahler mit 15-20 W eine Ersatzlösung. Für den dunkleren Bereich haben sich Biolux®-Leuchtstofflampen der Fa. Osram (18-58 W) bewährt. Auch sie sind mit Reflektoren zu betreiben, damit das gesamte abgegebene Licht nur in eine Richtung strahlt.

Eine sinnvoll gestaltete Inneneinrichtung hilft, den ständigen Blickkontakt der Terrarieninsassen untereinander zu vermeiden, bietet genügend exponierte Stellen, Versteck- sowie Schattenplätze und ermöglicht durch geeignete Rück- und Seitenwandverkleidungen eine optimale Ausnutzung des Terrariums. Dafür sind Terrarientiefen von mindestens 50 cm erforderlich, ideal wären 70-90 cm. Größere Maße erschweren das Hantieren an der Rückwand. Die Breite ist von der Größe und dem Bewegungsdrang der Insassen abhängig, sollte jedoch 70 cm für kleinere Tiere nicht unterschreiten. Agamen mittlerer Größe benötigen 150 cm und mehr.

Für eine ausreichende Be- und Entlüftung ist zu sorgen, wobei die

Abluftöffnung stets größer als die Zuluftöffnung sein muß.

Terrarien für Baumagamen

Keine Baumagame beschränkt ihren Lebensraum nur auf einen Baum. Vielmehr wechseln sie ihre Standorte innerhalb eines gewissen Territoriums. Zur Nahrungsaufnahme oder Kotabgabe halten sie sich oft am Boden auf, und nicht selten befinden sich dort ihre Versteckplätze. Kleine, nahezu quadratische Terrarien sind daher ungünstig. Hohe und breite Behälter mit großer Grundfläche kommen dem Verhalten der Agamen weitaus mehr entgegen.
Eine nutzbare Innenhöhe von 60-70 cm reicht nur für einige kleine Baumagamen aus, für alle anderen Arten müssen 120 cm und mehr eingeplant werden.
Das **Trockenwaldterrarium** wird zu zwei Dritteln hell ausgeleuchtet (außerhalb simulierter Regenzeiten 8-12 Stunden täglich). Ein Drahtgewebe (Kunststoff wird durch Strahlung und Wärme zu schnell zerstört) trennt den Lampenkasten vom übrigen Terrarium ab. Zwischen dem wärmsten Bereich (direkt unter dem Strahler 35-45 °C) und dem kühlsten Teil des Terrariums ist eine Temperaturdifferenz von ca. 15 °C erstrebenswert. Je nach Vorkommen der Arten kann eine leichte Überwinterung mit abgesenkten Temperaturen notwendig sein. Häufig ist eine Simulation von Trocken- und Regenzeiten angebracht.
Über einem nicht zu kleinen Wasserteil erzeugt eine mit Wasser berieselte Wand (Baumfarnplatten oder Kieselsteine) die notwendige Luftfeuchtigkeit und dient gleichzeitig als Tränke (Wasser aus stehenden Gewässern wird meist nicht angenommen). Ein kleiner Wasserlauf erfüllt den gleichen Zweck. Dadurch reduziert sich das Übersprühen der Inneneinrichtung auf ein- bis zweimal pro Woche.
Baumaterialien: Korpus aus Tischlerplatten, gegen Feuchtigkeit imprägnieren; Bodenteil mit Glasplatten auslegen und mit Silikon abdichten; Rück- und Seitenwandverkleidung mit Korkplatten; Kletteräste aus Robinienholz.
Regenwaldterrarien ähneln in Größe und Ausstattung den Trockenwaldterrarien. Die Luftfeuchtigkeit erreicht jedoch höhere Werte, und nur ein Drittel erhält eine helle Ausleuchtung (tägliche Einschaltdauer 6-10 Stunden). Klimatische Änderungen sind nicht erforderlich. Zahlreiche Anfänger halten ihre Regenwaldagamen viel zu warm. 35-38 °C direkt unter dem Strahler sollten das Maximum sein, in Bodennähe dann nur noch 20-25 °C. Wichtig ist eine nächtliche Abkühlung auf 17-20 °C. Zusätzliche Heizungen werden in der Regel nicht benötigt, da die von der Beleuchtung abgegebene Wärme ausreicht. Der Einsatz eines Umluftventilators verhindert die unerwünschte Schimmelbildung.
Ein Wasserteil mit Filteranlage ist obligatorisch, eine Beregnungs-

anlage und/oder ein größerer Wasserlauf für Terrarien ab 1,5 m Breite fast selbstverständlich. Dabei muß ein Ablauf für die ständige Bodenentwässerung des Landteiles sorgen; in diesem Zusammenhang leistet eine Drainage aus Blähton (Hydrokultur) wichtige Dienste.
Baumaterialien: Nur absolut verrottungsfeste Baustoffe verwenden; Rahmen aus eloxierten Aluminiumprofilen (leicht, stabil, gut zu bearbeiten), z. B. Stecksystem Alurahma aus Vierkantrohr (Heimwerkermarkt) oder Winkelprofile; Rück- und Seitenwände aus Zement- (Eternit, asbestfrei) oder Gipsfaserplatten (fermacell®), Anstrich mit Kaubitan (Dachdeckerbedarf) gegen Feuchtigkeit; Steinholz (Aquarienzubehör) oder Bogossiholz als Wandverkleidung (ständig feuchte Korkplatten halten höchstens 3-5 Jahre). Beregnungsanlagen sowie Bewässerungscomputer für Gärten (Gartencenter) haben sich auch im Terrarium bewährt.

Nebelwaldterrarium: Aufbau sowie Ausstattung entsprechen dem Regenwaldterrarium. Kennzeichnend für das Nebelwaldterrarium sind niedrige Temperaturen mit starker nächtlicher Absenkung. Der höchste Wert direkt unter der Lampe liegt nur zwischen 30-35 °C, der geringste in Bodennähe beträgt 15-20 °C. Nachts ist eine Abkühlung auf 12-17 °C anzustreben. Der Strahler mit der größten Lichtintensität wird nur 4-6 mal pro Woche eingeschaltet. Besonders während der Sommermonate bleibt er länger außer Betrieb, um eine Überhitzung zu vermeiden.

Terrarien für Bodenagamen

Bodenagamen kommen überwiegend in ariden oder subariden Zonen vor, die durch intensive Sonnenstrahlung gekennzeichnet sind. Die Bezeichnung „Bodenagamen" ist nicht immer zutreffend, da viele Arten semiarboricol leben (z. B. *Agama agama, Laudakia atricollis)* oder Mauern und Felsen bewohnen (z. B. *Laudakia stellio, Agama atra).* Sie nutzen in ihren Habitaten Baumstämme, große Steine, Sträucher und Termitenbauten, um von hier Ausschau nach Beute, Konkurrenten, Geschlechtspartnern sowie Freßfeinden zu halten. Daher dürfen Wüsten- oder Trockenterrarien nicht zu niedrig sein. Eine Höhe von 1 m oder mehr hat sich gut bewährt. Die Terrarien sind mit Ausnahme einiger Schattenplätze möglichst hell auszuleuchten, dabei muß ein zu großer Wärmestau vermieden werden.

Trockenterrarien: Als Wandverkleidung wirken Felsaufbauten am natürlichsten, aber sie sind mit großen Gewichtsproblemen verbunden. Als Ersatz eignen sich Hartschaumplatten (Styropor oder das festere Styrodur). Mit ihnen können beliebige Felsaufbauten fast naturgetreu nachgebildet werden. Ein mehrmaliger Anstrich mit Epoxidharz, das reichlich eingestreuten feuergetrockneten Quarzsand enthält, schützt das weiche

Material vor den scharfen Krallen der Agamen und verleiht den künstlichen Felsformationen ein natürliches Aussehen. (Vorsicht! Epoxidharz verhält sich während des Aushärtens toxisch, daher Verarbeitungsrichtlinien genau befolgen).

Das mit Sand gefüllte Bodenteil muß stellenweise mit einem Heizkabel erwärmt werden (verschiedene Ausführungen im Zoo- oder Elektrofachhandel erhältlich). Für die Eiablage ist es wichtig, daß der Sand an einigen Stellen mehr als 15 cm hoch ist und dort ständig leicht feucht gehalten wird. Weil Bodenagamen ihre Eier bevorzugt unter Felsen ablegen, können die vorgesehenen Eiablageplätze mit Steinplatten abgedeckt werden. Sie müssen gut befestigt sein, da einige Agamen die Steine gern untergaben. Ersatzweise erfüllt ein Stück Korkrinde denselben Zweck. Morgens und auf jeden Fall abends müssen Steine, Rückwand und Sand übersprüht werden. Durch die erforderliche nächtliche Temperaturabsenkung ergibt sich eine Luftfeuchtigkeit von über 90%, die selbst in Wüsten erreicht wird und zur Taubildung führt. Eine zu trockene oder zu feuchte Haltung ist schädlich. Tagestemperaturen von 30 °C bis lokal 40 °C sind für die meisten Bodenagamen unerläßlich.

Zur Dekoration bieten sich knorrige Äste und Wurzeln an. Besonders vor und während der Häutung baden einige Wüstenagamen gerne und geben dabei ihren Kot ab. Ein ausreichend großes, aber nicht zu tiefes Trinkgefäß, das ständig frisches Wasser enthält, ergänzt daher die Innenausstattung. Baumaterial: Glas- oder Tischlerplatten.

Lit.: ABRAHAM 1983, MANTHEY 1979, 1980a-d, 1981a-d, 1982, 1983; MATT 1984.

Nahrung

Stark vereinfacht unterscheiden wir zwischen Pflanzen- und Insektenfressern. Neben den eigentlichen Insekten und deren Larven werden oft auch Würmer, Spinnentiere und einige Krebstiere vertilgt. Kleine Nagetiere und Vögel sowie andere Echsen bereichern teilweise ebenfalls den natürlichen Speisenplan.

Naturbelassene Brachlandwiesen beherbergen in den Sommermonaten eine große Anzahl verschiedenartiger Kleintiere. Dieses Wiesenplankton eignet sich hervorragend für alle Agamen, die Lebendfutter bevorzugen. Geflügelte Gartenameisen, die zum Hochzeitsflug ausschwärmen, sind für kleine bis mittelgroße Arten ein besonderer Leckerbissen.

Einige Insekten (z. B. Grillen, Schaben, Schwarzkäfer, Wanderheuschrecken und Wachsmotten) lassen sich leicht selber züchten oder sind im Zoohandel erhältlich. Die Nahrungspalette der Pflanzenfresser umfaßt gleichfalls ein vielseitiges Spektrum. Viele Arten verspeisen mit Vorliebe Blütenblätter, deren Farbe eine besondere Rolle spielt. Vor allem gelbe und rote Blüten werden geradezu gierig verschlungen. Einige nehmen im Terrarium gern süßes Obst, während andere Löwenzahn, Kohl, Wegerich, Endiviensalat, Zitronenmelisse, Reis oder verschiedene Hülsenfrüchte bevorzugen.

Jungtiere benötigen häufig für ihr Wachstum hochwertiges tierisches Eiweiß, deshalb besteht ein großer Teil der Nahrung aus Insekten. Mit zunehmendem Alter tendieren sie zu überwiegend pflanzlicher Nahrung. Das bedeutet aber nicht, daß adulte Tiere Insekten verschmähen, sondern sie dienen als willkommene Beikost. Zu große Futterportionen führen zur Bildung einer Fettleber. Bodenagamen erhalten daher kleinere Mengen in kürzeren Abständen.

Es wird immer wieder festgestellt, daß Agamen ihren Geschmack von einem Tag zum anderen ändern und die vorher gern gefressene Nahrung plötzlich verweigern. Eine einseitige Ernährung führt auch bei ihnen zu verschiedenen Krankheitsbildern. Da nicht so abwechslungsreich wie notwendig gefüttert werden kann, sind die Tiere auf zusätzliche Vitamin- und Kalkbeigaben angewiesen. Nur so lassen sich Mangelerscheinungen vermeiden. Empfehlenswert sind das Vitaminpräparat Multi-BIO-WEYX-IN® und das Calcium-Phosphat-Präparat Calcipot®.

Lit.: FRIEDERICH & VOLLAND 1981.

Ein Biotop von Acanthosaura armata, einer Baumagame, die primäre Regenwälder bevorzugt.

Tierbeschaffung

Erfahrene und abenteuerlustige Terrarianer wählen entsprechende Reiseziele, um dort die Agamen eigenhändig zu fangen, denn die Kenntnis des Originalbiotops ist eine wertvolle Hilfe für die spätere Haltung. Dabei ist jeder verpflichtet, sich über regionale und internationale Schutzbestimmungen zu informieren.

Der Erwerb von Nachzuchten kann nicht nur Anfängern empfohlen werden. Günstig ist der Besuch der Züchter, um sich Informationen über alle notwendigen Pflegemaßnahmen vor Ort einzuholen. Auch der Zoohandel bietet häufiger Nachzuchten an.

Schlecht eingewöhnte Wildfänge bringen oft Probleme, so daß mit Verlusten gerechnet werden muß. Für Neulinge der Terraristik sind sie ungeeignet. Eine überdurchschnittlich schöne Färbung der Agamen deutet häufig auf deren nahen Tod hin.
Die folgenden Zeitschriften bieten regelmäßig Nachzuchten von Reptilien an: DGHT-Rundbrief, herpetofauna, SAURIA, Terrarianer Börse.

Zucht und Aufzucht

Voraussetzung für jede Zucht sind gesunde, miteinander harmonierende Pärchen. Viele Agamen benötigen bestimmte klimatische Verhältnisse, bevor sie ihr Paarungsspiel einleiten. Unter Vermeidung von Extremwerten müssen saisonbedingte Klimawechsel auch im Terrarium angestrebt werden. Bei annähernd artgerechter Haltung setzt sich dann oft der natürliche Fortpflanzungstrieb durch.
Viel schwieriger ist es, die richtige Dosierung der Vitamin- und Kalkpräparate herauszufinden, die das Weibchen während der Tragzeit benötigt. Schwache Jungtiere oder im Ei abgestorbene Embryos sind vielleicht auf eine falsche Ernährung der Muttertiere zurückzuführen.
Instinktiv legen eingewöhnte Weibchen ihre Eier an optimalen, feuchten Stellen des Terrariums ab, die danach nicht austrocknen dürfen. Wenn sich frisch geschlüpfte Jungtiere durch die Erde gegraben haben, kann nie ausgeschlossen werden, daß andere Terrarieninsassen sie als Futter ansehen. Ein über die Ablagestelle gestülptes Küchensieb schützt sie ausreichend. Viele Terrarianer graben die Eier vorsichtig aus und überführen sie ohne Lageveränderung in einen Brutbehälter. In feuchtem Sand, Schaumstoff oder Vermiculit® (Dämmstoff) entwickeln sie sich bei konstanten Temperaturen und hoher Luftfeuchtigkeit recht gut. Anfängern möchten wir diese Methode nicht empfehlen.
Junge Agamen stellen an ihre Umgebung ähnliche Ansprüche wie die Elterntiere, reagieren aber auf zu hohe oder zu niedrige Temperaturen empfindlicher. Für die ersten Lebensmonate haben sich kleinere Terrarien mit Temperaturgefälle und unterschiedlicher Luftfeuchtigkeit bewährt, weil dort die Nahrungsaufnahme gut zu kontrollieren ist. Gesunde junge Echsen zeigen einen großen Appetit, der sich oft durch eine Gruppenhaltung verstärkt. Die Größe der Gruppe hängt von verschiedenen Faktoren ab und muß nach ausgiebiger Beobachtung im Einzelfall festgelegt werden. Etwa in wöchentlichen Abständen sind Kalkbeigaben unbedingt erforderlich, um rachitische Krankheiten zu vermeiden. Bei normalem Wachstum ist eine frühzeitige Umsetzung in größere Terrarien einzuplanen. Juvenile Agamen entwickeln sich dort wesentlich besser als in den oft zu kleinen Aufzuchtbehältern.

Krankheiten

Die Behandlung von inneren, häufig viel zu spät erkannten Krankheiten kann nur von speziell ausgebildeten Medizinern erfolgen. Die meisten Tierärzte sind damit völlig überfordert. Daher ist es wesentlich effektiver, Krankheiten vorzubeugen als sie zu behandeln. Eine artgerechte Pflege ist die beste Voraussetzung für gesunde Tiere. Manchmal lassen sich äußere Verletzungen nicht vermeiden. Da Agamen ebenso wie andere Echsen medizinisch behandelt werden können, möchten wir auf einige Arbeiten zu diesem Thema verweisen.

Lit.: BOSCH 1991, IPPEN et al 1985.

Acanthosaura GRAY, 1831
Nackenstachler – 4 Arten

Merkmale: Charakteristisch sind mehr oder weniger hohe Stacheln auf dem Augenbrauenbogen und kleine, granulierte Rückenschuppen, die mit größeren, tuberkelartigen vermischt sind. Der Körper ist lateral abgeflacht. Alle Arten besitzen Nacken- und Rückenkämme sowie ein sichtbares Tympanum. Nackenstachler variieren ihre Färbung erheblich. ♂♂ unterscheiden sich von ♀♀ durch ausgeprägte, lange Hemipenistaschen.

Lebensweise: Die mittelgroßen Baumagamen leben in dichten Wäldern, meist in Fließgewässernähe. Selbst Arten aus dem südlichen Verbreitungsgebiet legen eine jährliche Ruhepause mit verminderter Aktivität und Nahrungsaufnahme ein.

Haltung: Reichlich bepflanztes Regenwaldterrarium (H ≧ 130, B ≧ 100, T ≧ 50 cm) mit dickeren senkrechten Ästen. Die Agamen bevorzugen Schattenplätze. Fließendes, gefiltertes Wasser scheint für alle Arten lebensnotwendig zu sein.

Nach kurzer Eingewöhnungszeit überwiegt ihr ruhiges Wesen, wenn sie nicht gerade dem Futter nachjagen. Neben Insekten vertilgen sie gern Regenwürmer; einige fressen Fische und nestjunge Mäuse.

Verbreitung: Birma, Thailand, West-Malaysia, Indonesien (Anamba Inseln), Kambodscha, Laos, Vietnam, Süd-China.

Acanthosaura armata
(HARDWICKE & GRAY, 1827)

Beschreibung: KRL ♂ 115-140, ♀ 110-120; SL ♂ 160-165, ♀ 140-150 mm, Schlüpflinge 30+40 mm (KRL+SL). Die langen Stacheln der Augenbrauenbogen und des Hinterkopfes erreichen fast die Höhe des Nackenkammes, den mehrere dichtstehende Stacheln bilden. Er wird vom anfangs ebenso hohen Rückenkamm entweder durch einen Zwischenraum von ein bis zwei Kammschuppen getrennt oder verläuft durchgehend. ♂ und ♀ besitzen einen kleinen Kehlsack. Bei beiden variiert die Körperoberseite in unterschiedlichen Grün- bis Brauntönen, wobei sich stets hellere, dunkel eingefaßte Flecken abheben. Die helle Bauchseite kann grünlich, bräunlich oder rötlich gefärbt sein.

Lebensraum und Verhalten: *Acanthosaura armata* bevorzugt primäre Regenwälder, toleriert aber auch Sekundärwälder. An Bäumen sitzende Nackenstachler verharren bei Gefahr regungslos, oder sie bewegen sich vorsichtig auf die dem Betrachter abgewandte Seite des Stammes. Bei weiterer Verfolgung springen sie blitzschnell herab, um unter Baumwurzeln oder Felsen Schutz zu suchen.

Der Nackenstachler Acanthosaura armata, hier ein Weibchen von der Insel Tioman.

Fortpflanzung: Im Alter von 18 Monaten sind ♀♀ mit einer Kopfrumpflänge von 100 mm geschlechtsreif. Vier Monate nach der Kopulation erfolgt die Eiablage. Ein Gelege umfaßt 12-15 Eier (∅ 11 x 19,5 mm), das junger ♀♀ dagegen nur 9. Zuvor benötigt das ♀ einige Tage, um durch Probegrabungen die geeignetste Ablagestelle zu finden. Während der sehr langen Inkubationszeit von 191-193 Tagen wachsen die Eier bei 21-25 °C bis ca. 20 x 27,5 mm. Eine Amphigonia retardata ist erwiesen.

Besonderheiten: Die Zuchtgruppe darf nur aus je einem ♂♀ bestehen, da schwächere Artgenossen unterdrückt werden. *Acanthosaura armata* läßt sich gut mit *Acanthosaura crucigera, Gonocephalus*-Arten (außer *Gonocephalus grandis*) sowie mit Amphibien des gleichen Verbreitungsgebietes vergesellschaften. Da die Agamen äußerst futtergierig sind, muß die Nahrungsaufnahme anderer Terrarieninsassen kontrolliert werden. Gleiches gilt für juvenile Nackenstachler, bei denen nur Gruppen von max. 4-5 gleichgroßen Tieren eine erfolgreiche Aufzucht gewährleisten. Einige Wildfänge fressen erfahrungsgemäß anfangs fast ausschließlich Regenwürmer.

Verbreitung: 0-750 m, Halbinsel

Thailand/Malaysia (nördlichste Provinz Nakhon Si Thammarat), Inseln Pinang und Tioman sowie die indonesischen Anamba Inseln.
Lit.: STEIOF et al 1991.

Acanthosaura capra
GÜNTHER, 1861

Beschreibung: KRL 130, SL 175 mm. *Acanthosaura capra* trägt als einzige Art der Gattung keinen Stachel am Hinterkopf. ♂♂ besitzen einen sehr großen Kehlsack, dessen gelblicher Grund mit einer grünen Streifenzeichnung dekoriert ist. Der hohe Nackenkamm steht deutlich vom etwas niedrigeren Rückenkamm getrennt. Beide setzen sich aus lanzenförmigen Schuppen zusammen, deren Basis breiter ist als bei anderen Nackenstachlern. Den olivfarbenen Rücken bedeckt ein braunes Netzwerk. Am gelblichen Kopf der ♂♂ erstreckt sich seitlich vom äußeren Augenring bis zur Schulter ein breites grünes Band. Ein ebenso gefärbter Streifen verläuft auf dem Nacken beidseitig des Kammes. Die Augen umschließt ein hellgrüner Ring, den ein breiterer dunkelgrüner einfaßt.
Lebensraum und Verhalten: Soweit bekannt, bewohnt die Agame den oberen Teil großer Regenwaldbäume.
Besonderheiten: *Acanthosaura capra* frißt auch Echsen.
Verbreitung: Kambodscha, Laos, Vietnam.

Männchen von Acanthosaura crucigera.

Acanthosaura lepidogaster-Männchen.

Kurzdarstellung

Acanthosaura crucigera BOULENGER, 1885
KRL ♂ 97-100, ♀ 90-97, SL ♂ 162, ♀ 122-140 mm; Nacken- und Hinterkopfstacheln vorhanden; Rückenkamm durch breiten Zwischenraum deutlich vom höheren Nackenkamm abgesetzt. Kammschuppen stachelartig oder dreieckig mit der Spitze nach oben, berühren sich an der Basis nicht, sondern durch Zwischenraum von einer Schuppe getrennt. Farblich äußerst variabel, häufig dunkles Netzwerk mit helleren Flecken; Kopfseiten bis kurz

unter Auge sowie rautenförmiger Fleck im Nacken immer dunkel bis schwarz. In Regen- und Bergwäldern bis 1800 m, Bäumen, flieht zu Bodenverstecken; 10-12 Eier (12 x 20 mm). - Birma, Thailand, nördl. Halbinsel Malaysia, Kambodscha, Süd-Vietnam.

Acanthosaura lepidogaster Cuvier, 1829
KRL ♂ 72-111, ♀ 85-107, SL ♂ 118-165, ♀ 110-157 mm. Stacheln auf Augenbrauenbogen und Hinterkopf kurz. Rückenkamm im Nackenbereich unterbrochen oder durchgehend aus sehr niedrigen, dicht aneinandergereihten, dreieckigen Schuppen, Spitze nach hinten zeigend. Nackenkamm höher, Spitze der dreieckigen Schuppen nach oben gerichtet. Färbung variabel, ♂ und ♀ oft bräunlich, aber ♂♂ auch mit weißer Kehle, Lippenschilder gelb; Kopfoberseite, großes Dreieck an Kopfseiten und rautenförmiger Fleck im Nackenbereich schwarz; Schulterfalte ebenfalls schwarz, weiß eingerahmt. Auf Rücken helle, dunkel eingefaßte Flecken; Seiten grün, schwarz marmoriert. Andere Farbkombinationen möglich, ♀♀ färben sich auch grün. - Bergwälder, ca. 700-900 m, häufig am Boden. 1-2 Monate milde Winterruhe. - Birma, nördl. Thailand, Kambodscha, Laos, Vietnam, Süd-China und Insel Hainan. **Lit.:** MELL 1952.

Agama DAUDIN, 1802
ca. 27-35 Arten und ca. 20-25 Unterarten

Merkmale: Der hautfaltenlose Rumpf ist ebenso schwach dorsoventral abgeflacht wie der dreieckige Kopf, der ein großes rundes Tympanum und eine Kehlfalte, jedoch keinen Kehlsack zeigt. Viele Arten besitzen einen niedrigen Nackenkamm. Der Schwanz ist mit schindelförmigen Schuppen bedeckt. Praeanalporen haben nur ♂♂ , die in Größe und Farbenpracht die ♀♀ meist übertreffen.

Lebensweise: *Agama*-Arten bewohnen Savannen, Trockenwälder oder vegetationsarme wüstenartige Gebiete. Einige sind zu Kulturfolgern geworden. Tiere aus wüstenähnlichen Gegenden leben meist solitär, während überwiegend baumbewohnende Agamen ein festes soziales Gefüge aufweisen. So kann ein ♂ über mehrere ♀♀ und Jungtiere dominieren. Die recht scheuen Agamen fressen außer Insekten oft auch kleinere Echsen, Blüten und Früchte.

Haltung: Für Baum- und Felsbewohner erhält ein Trockenwaldterrarium (H $\geqq$ 150, B $\geqq$ 150, T $\geqq$ 80 cm) zusätzliche Felsimitationen. Das Bodenteil wird mit grobem Sand aufgefüllt und mit einigen Steinen dekoriert. Für terrestrisch lebende Arten eignet sich ein Trockenterrarium (H $\geqq$ 100, B $\geqq$ 180, T $\geqq$ 80 cm) mit gleichem Bodengrund.

Verbreitung: Afrika (außer Namib- und Saharawüste sowie Kongobecken).

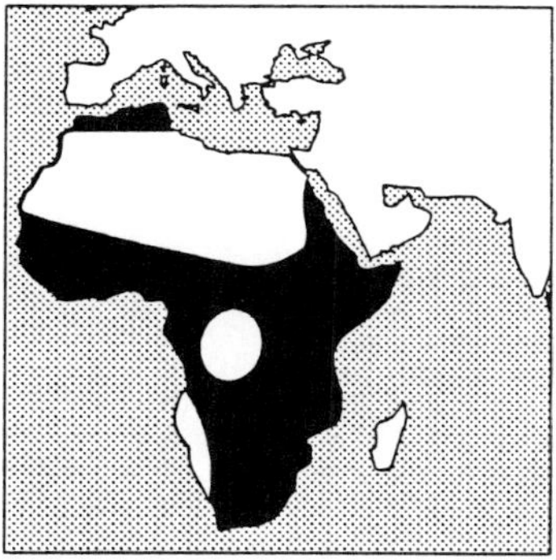

Agama agama

(LINNAEUS, 1758) - Siedleragame

Agama agama lionotus

BOULENGER, 1896

Beschreibung: KRL ♂ 107-137, ♀ 84-120; SL ♂ 210-263, ♀ 164-198 mm, Schlüpflinge 55-60 mm GL. Einen niedrigen Nackenkamm besitzen nur ♂♂. Die graubraune Rückenseite überzieht oft eine dunkle Fleckenzeichnung. Bei genügender Wärme färben sich Kopf, Kehle sowie Schultern dominanter ♂♂ orangerot, der Rumpf mit den Extremitäten dunkelblau. Der quergebänderte Schwanz zeigt hell- und dunkelblaue Farben. Besonders bei trächtigen ♀♀ heben sich auf dem mittelbraunen Körper orange getönte Seitenflecken und auf dem Kopf türkise Punkte ab.
Agama agama lionotus hält sich an Bäumen und am Boden auf, ist jedoch als Kulturfolger ebenso an Hauswänden, Mauern und auf Müllhalden zu finden. Ein kapitales ♂ kann einem „Harem" von bis zu 25 ♀♀ und halbwüchsigen Tieren vorstehen. Dabei weicht ihm häufig ein dominantes ♀ nicht von der Seite, um Nebenbuhlerinnen fernzuhalten.

Fortpflanzung: Nach Beginn der Regenzeit legen ♀♀ 3-8 Eier in selbstgegrabene Löcher oder in tiefe feuchte Baumspalten. 2-3 Monate später schlüpfen die Jungtiere.

Besonderheiten: Erfahrungsgemäß darf nur ein ♂♀ zusammen mit den Jungen gehalten werden.

Verbreitung: *Agama agama agama* - Mittleres Afrika; *Agama agama africana* - Liberia; *Agama agama boensis* - Guinea-Bissau; *Agama agama dodomae* - Tansania; *Agama agama elgonis* - Uganda, Kenia, Tansania; *Agama agama lionotus* - Uganda, Kenia; *Agama agama mucosoensis* - Angola; *Agama agama savattieri* - Mittleres Afrika; *Agama agama spinosa* - Ägypten bis Äthiopien; *Agama agama ufipae* - Tanganjikasee (nach WERMUTH 1967).

Agama agama-Weibchen.

Dominante Männchen von Agama agama lionotus zeigen diese prächtige blaue Färbung.

Amphibolurus WAGLER, 1830 - Ⓖ **BArtSchV**
Peitschenschwanz-Agamen - 8 Arten, 2 Unterarten

Merkmale: Die mittelgroßen *Amphibolurus*-Arten zeigen schlanke, seitlich abgeflachte Körper mit länglichen Köpfen und langen Schwänzen. Das Tympanum ist stets sichtbar, ebenso sind Femoral- sowie Praeanalporen vorhanden. Fast alle Arten tragen mittelhohe aufrichtbare Nacken- und niedrige Rückenkämme, die bei ♂♂ deutlicher in Erscheinung treten. Weitere typische Merkmale der ♂♂ sind ausgeprägte Hemipenistaschen und die Fähigkeit einer Kehlschwarzfärbung. Die recht unscheinbaren Körperfarben werden oftmals durch helle Dorsolateral- und Lippenstreifen aufgelockert.

Lebensweise: Die meist auf Bäumen lebenden Agamen bevorzugen Ränder der Fließgewässer in offenen Busch- und Waldlandschaften. Vor allem ♂♂ sitzen häufig auf exponierten Stellen und beobachten ihr Territorium. Versteckplätze finden sie unter großen Steinen, Baumstümpfen oder in Felsspalten. Ihre Nahrung besteht aus Insekten und kleinen Echsen. Während der Trockenzeit legen sie eine Ruhepause ein.

Haltung: In einem Trockenwaldterrarium (H ≧ 120, B ≧ 120, T ≧ 80 cm) mit sandigem Boden, Pflanzen und Steinformationen sind die Agamen pärchenweise gut haltbar. Sie verlieren rasch ihre Scheu und nehmen das Futter aus der Hand.

Verbreitung: Australien und südliches Neuguinea.

Amphibolurus longirostris
(BOULENGER, 1883)

Beschreibung: ♂ KRL 114, SL 356 mm, ♀ etwas kleiner. Der Rückenkamm ist im Nackenbereich am höchsten. Die graue bis rötlichbraune Oberseite enthält eine leichte Fleckenzeichnung oder manchmal rötlichbraune Kreuzbänder. Auffällig breite weiße Längsstreifen markieren die Lippen und den dorsolateralen Bereich. Sie können durch eine dünne weiße Linie verbunden sein. Oberhalb der Lippenschilder leuchtet der Kopf der ♂♂ rötlich. Als Kontrast sitzt am Tympanum ein länglicher schwarzer Fleck.

Lebensweise: Am häufigsten findet man die Agamen in tiefen Schluchten mit Fließgewässern oder Tümpeln. Doch leben sie auch in Mangrovengebieten oder weit ab von Gewässern auf roten steilen Felsen. Bei kühler Witterung verkriechen sich die Tiere in Höhlen und Löchern, an warmen Tagen schlafen sie auf Ästen und in Zweigen.

Fortpflanzung: Nach längeren Regenfällen legen ♀♀ bis zu 2 mal pro Jahr 3-6 Eier.

Verbreitung: Westliches, nördliches und zentrales Australien.

Amphibolurus longirostris lebt in Australien vornehmlich an Gewässern.

Aphaniotis PETERS, 1864
Blaumaulagamen - 4 Arten

Merkmale: Kennzeichnend sind mehr oder weniger deutliche Schnauzenfortsätze in Form von höckrigen oder konischen Schuppen, nicht sichtbare oder nur winzige Trommelfelle, eine inhomogene Rückenbeschuppung sowie schwach ausgeprägte Nacken- und Rückenkämme. Der Körper ist lateral abgeflacht.

Lebensweise: Die zierlichen Baum- und Buschbewohner leben in Regenwäldern des Flach- und Hochlandes in der Umgebung von Fließgewässern.

Haltung: Bepflanztes Regenwald- bzw. Nebelwaldterrarium für die Hochlandarten, ausgestattet mit dünneren senkrechten sowie schrägen Ästen (H ≧ 90, B ≧ 70, T ≧ 50 cm). Die Blaumaulagamen des Flachlandes halten sich im Terrarium gut. Sie ernähren sich von kleineren Insekten.

Verbreitung: 0-1800 m, Halbinsel Thailand/Malaysia, Borneo, Sumatra und auf zahlreichen vorgelagerten Inseln.

Aphaniotis acutirostris
MODIGLIANI, 1889

Beschreibung: KRL ♂ 46-60, ♀ 45-54, SL ♂ 96-127, ♀ 90-106 mm. Sehr kleine granulierte und dachziegelartige Schuppen unterschiedlicher Größe bedecken den Rücken. Parallel zur Rückenmittellinie verläuft beidseitig eine Reihe tuberkelartiger Schuppen. Auf der Schnauzenspitze sitzt eine höckrige, längliche Schuppe, die bei männlichen Agamen größer ausfällt. Der Nackenkamm ist nur sehr schwach ausgeprägt, ♂♂ können jedoch ein kleines Nackensegel aufrichten. Außerdem sind sie im Besitz eines auffällig gelb gefärbten Kehlsackes, den sie selten aufstellen. Lediglich eine angedeutete bräunliche Kehlscheibe ist bei ♀♀ vorhanden. Bei beiden Geschlechtern lockern hellere und dunklere

Aphaniotis acutirostris-Männchen von Nord-Sumatra.

Flecken oder Muster die bräunliche Grundfärbung auf. Dazu bildet die gelbliche bis grüne Querbänderung auf den Flanken der ♂♂ einen schönen Kontrast. Manchmal zeigen ♀♀ hellbraune Querbinden. Bei ihnen zieht sich hin und wieder ein hellbraunes, dunkel oder hell eingefaßtes Längsband über den Rücken. Die Innenseite des Maules ist blau.
Lebensraum und Verhalten: In den Flachlandregenwäldern Nord-Sumatras sind die kleinen Agamen nicht selten auf buschartigen kleineren Bäumen und am Boden zu finden.
Fortpflanzung: Normalerweise werden im Abstand von 30-100 Tagen 2 Eier (7 x 12 mm) abgelegt, die bei ∅ 26-29 °C eine Inkubationszeit von 48-63 Tagen benötigen.
Verbreitung: Sumatra und westlich vorgelagerte Inseln, Borneo?.

Aphaniotis fusca
PETERS, 1864

Beschreibung: KRL ♂ 61-67, ♀ 52-61, SL ♂ 141-156, ♀ 112-144 mm, Schlüpflinge 23-43 mm (KRL+SL). Kurze dreieckige Schuppen bilden andeutungsweise den Nackenkamm, der sich nicht über den Rücken verlängert. Die kleinen Dorsalia vermischen sich mit größeren. Ein Schnauzenfortsatz ist kaum wahrnehmbar. ♀♀ besitzen einen etwas kleineren Kehlsack als ♂♂. Beide Geschlechter zeigen einen bräunlichen oder leicht oliv- bis grünfar-

A. fusca-Männchen, Insel Tioman.

benen Rücken mit teilweise eingestreuten, undeutlichen braunen Flecken oder einer Querbänderung. Jungtiere sind mit dunkelbraunen Flanken und einem hellen Rückenmuster versehen. Die Iris schimmert blau (adulte ♂♂) oder braun (♀♀ + Juv.). Das aufgerissene Maul präsentiert eine blaue Färbung.
Lebensraum und Verhalten: An dünnen Baumstämmen des schattigen Tieflandregenwaldes sitzen ganze Familien recht dicht beieinander.
Fortpflanzung: In relativ kurzen Abständen legt das ♀ 1-2 Eier (7 x 18 mm) ab, die sich in feuchter Erde bei 20-22 °C gut entwickeln.
Besonderheiten: Insbesondere ♀♀ und Jungtiere benötigen viel Kalk. Bei Kalkmangel sterben die Juvenilen nach spätestens einem halben Jahr, obwohl sie problemlos ans Futter gehen.
Verbreitung: Halbinsel Thailand/Malaysia, Pulau Tioman; Sumatra und vorgelagerte Inseln?; Natuna Inseln; Borneo.

Brachysaura BLYTH, 1856
Monotypische Gattung

Merkmale: Der Körper ist leicht lateral abgeflacht. Alle Dorsalia sind gleichgroß, schindelförmig und gleichmäßig angeordnet. Die Schwanzlänge entspricht der Kopf-Rumpf-Länge oder bleibt etwas darunter.

Lebensweise: Die Gattung birgt die vielleicht einzige Agamenart, deren Aktivitätszeit in den Dämmerungs- und Nachtstunden liegt. Als Bodenbewohnerin nutzt sie schon vorhandene Erdhöhlen als Unterschlupf. Ihre Bewegungen wirken schwerfällig, und oft unternimmt sie bei Annäherung keinerlei Fluchtversuche.

Haltung: *Brachysaura* gilt als leichter und anspruchsloser Pflegling. Zur Unterbringung müßten sich Trockenterrarien mit hohem Bodenteil (Lehm/Sandgemisch) und vorbereiteten Wohnhöhlen eignen. Die Beleuchtung ist so zu steuern, daß eine Dämmerungsphase nachempfunden wird und während der Nacht eine blaue Lampe das Mondlicht simuliert. Dadurch sind auch nächtliche Beobachtungen der Insektenfresser ohne störendes Scheinwerferlicht möglich.

Verbreitung: Südost-Pakistan bis Ganges-Tal (Indien).

Brachysaura minor
(HARDWICKE & GRAY, 1827)

Beschreibung: ♂ KRL 85-90, SL bis 90 mm, ♀ größer. Ein winziger Kamm aus dreieckigen Schuppen erstreckt sich vom Hinterkopf bis zum Schwanz. Oberhalb des Tympanums ragen 2 separate Stacheln, die von kleineren eingerahmt sein können. Die gekielten Rückenschuppen sind nach hinten und oben gerichtet. ♂♂ besitzen eine verdickte Schwanzwurzel. Die Oberseite ist oliv gefärbt und mit 3 Reihen dunkler, hell eingefaßter Flecke versehen. Dabei tritt die mittlere Reihe am deutlichsten hervor. Beidseitig des Nackens hebt sich ein heller nach hinten gegabelter Streifen ab, und vom Auge bis zum Mundwinkel verläuft ein ebenfalls helles Querband. ♀♀ zeichnen sich ausnahmsweise durch eine brillantere Färbung aus. In Paarungsstimmung nehmen sie ein kräftiges Rot an bis auf den olivfarbenen Rücken und die tiefschwarze Kehlfalte. Jungtiere tragen auf rötlichbraunem Grund hellrot eingefaßte dunkle Rückenflecken.

Lit.: SMITH, 1935.

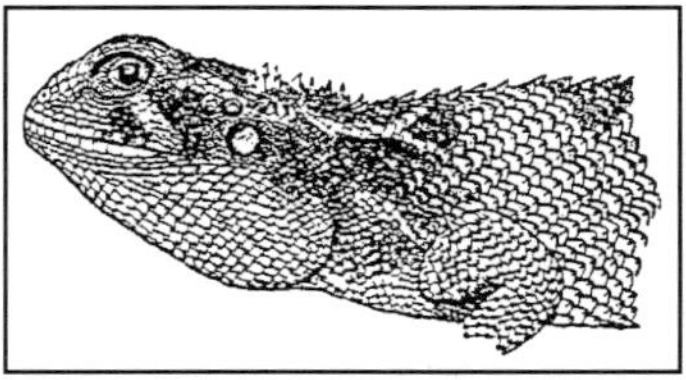

Brachysaura minor, verändert nach Smith 1935.

Bronchocela KAUP, 1827
7 Arten

Merkmale: *Bronchocela*-Arten besitzen einen schlanken, seitlich abgeflachten Körper mit extrem langem Schwanz (3-4 x KRL). Sie erreichen eine Kopf-Rumpf-Länge von max. 150-160 mm. Im Vergleich zu den nahe verwandten *Calotes*-Arten sind ihre Köpfe und Beine länger und ihre Dorsalia kleiner. Stachelartige oder konische Schuppen fehlen am Hinterkopf und Augenbrauenbogen. Die einzelnen Arten sowie ♂♂ und ♀♀ lassen sich schwer voneinander unterscheiden.

Lebensweise: Die farblich ansprechenden Agamen bevorzugen helle, warme Aufenthaltsorte außerhalb dichter Wälder und treten häufig als Kulturfolger auf.

Haltung: Je nach Herkunft der Tiere benötigen sie ein bepflanztes Trocken-, Regen- oder Nebelwaldterrarium mit stärkerem Lichteinfall (H ≧ 120, B ≧ 150, T ≧ 60 cm) und dickeren sowie dünneren Ästen. Die Agamen verhalten sich im Terrarium recht unruhig. Nach den geringen vorliegenden Erfahrungen sind sie als heikel und wenig ausdauernd einzustufen. Während der warmen Sommermonate sollte eine Haltung im Freilandterrarium oder Gewächshaus möglich sein. Die Insektenfresser verschmähen wahrscheinlich auch kleine Echsen nicht.

Bronchocela cristatella-Männchen.

Verbreitung: 0-1600 m, Birma bis Vietnam, Nikobaren, Philippinen, Halbinsel Thailand/Malaysia, Indo-Australischer Archipel (östlich bis Neuguinea).

Kurzdarstellung

Bronchocela cristatella (KUHL, 1820)

KRL ♂ 87-110, ♀ 82-96, SL ♂ 300-350, ♀ 290-330 mm, bei einigen Populationen KRL bis 130, SL bis 440 mm. Kleiner Nackenkamm aus lanzenförmigen Schuppen, Rückenkamm durch niedrige sägeförmige Schuppen angedeutet; kleiner Kehlsack vorhanden. Gewöhnlich grün mit hellen Flecken, die auf den Seiten Querbänder bilden können; schneller Farbwechsel zu gelb, braun oder schwarz; Kehlsack ♂♂ manchmal rötlich, Kopf weißlich mit bläulichem Band. 1-2 spindelförmige Eier (9 x 42 mm). Auf Bäumen und Büschen am Waldrand, auch Kulturfolger. - 0-1600 m, Birma bis Neuguinea; Philippinen.

Bronchocela jubata DUMERIL & BIBRON, 1837
KRL 130-150, SL 440-450 mm; nach 84 Tagen schlüpfen Juv. mit 145-162 mm GL. Nacken- und Rückenkamm aus nach hinten gerichteten, lanzenförmigen Schuppen; Kehlsack reicht bis zur Brust. Grün, schneller Farbwechsel zu braun oder schwarz; teilweise mit gelben oder roten Flecken oder Querbändern. 2 spindelförmige Eier (9,5-12 x 40-53 mm). Auf Bäumen und Hecken, Kulturfolger; aggressiv. - Java und vorgelagerte Inseln; Bali; Nikobaren ?; Sulawesi?.
Lit.: Kopstein, 1938.

Caimanops STORR, 1974
Monotypische Gattung

Merkmale: Fünf Längsreihen größerer gekielter Schuppen auf dem Rücken des seitlich abgeflachten Körpers, dünne Beine, ein stumpf endender Schwanz, ein sichtbares Tympanum sowie nicht vorhandene Femoralporen kennzeichnen die Gattung *Caimanops.*
Lebensweise: Die auf Termiten spezialisierten Baum- und Bodenbewohner bevorzugen Gebiete mit roten Böden und Akazienbewuchs. Oft findet man sie unter umgestürzten Bäumen. Bei Gefahr verlassen sie sich auf ihre Tarnung und verharren bewegungslos.
Haltung: Zur Haltung müßte sich ein Trockenwaldterrarium mit Sandboden und verzweigten Kletterästen (H $\geqq$ 100, B $\geqq$ 120, T $\geqq$ 80 cm) eignen.
Verbreitung: Mittleres West-Australien.

Kurzdarstellung

Caimanops amphiboluroides (LUCAS & FROST, 1902)
KRL 94, SL 160 mm. Auf blaßdunkelgrauen, grünlichbraunen oder hellbraunen Flanken dunkle längliche Streifen unterschiedlicher Breite, setzen sich auf Bauch fort. Rücken mit dunklem Fleckenmuster. Eierlegend.

Calotes CUVIER, 1817
Schönechsen - 16 bis 20 Arten, 2 Unterarten

Merkmale: Alle Arten haben einen lateral abgeflachten Körper mit schindelartigen, regelmäßig angeordneten Rückenschuppen von annähernd gleicher Größe. Gewöhnlich sitzen Stacheln oder konische Schuppen am Hinterkopf und/oder auf dem Augenbrauenbogen; das Tympanum ist sichtbar. Dickere Schwanzwurzeln sowie höhere Nacken- und Rückenkämme sind charakteristisch für ♂♂; bei ♀♀ fehlt der Rückenkamm mitunter. Die kleinsten Arten erreichen eine Kopf-Rumpf-Länge von 70 mm, die größten 145 mm. Ihre außerordentlich variable Färbung läßt jede Beschreibung unvollständig erscheinen.
Zur einfacheren Unterscheidung werden *Calotes*-Arten in zwei Gruppen aufgeteilt.
I. ***Calotes liocephalus***-Gruppe. Die Lateralschuppen sind zum Schwanz hin **nicht** nach oben gerichtet. Arten: *andamanensis, ceylonensis, elliotti, liocephalus, liolepis, nigrilabris, rouxi.*
II. ***Calotes versicolor***-Gruppe. Die Lateralschuppen sind zum Schwanz hin nach oben gerichet. Arten: *bhutanensis, calotes, emma, grandisquamis, jerdoni, maria, mystaceus, nemoricola, versicolor.*
Nicht berücksichtigt wurden: *kinabaluensis, kingdonwardi, medogensis* und *nigrigularis,* da die Gattungszugehörigkeit zweifelhaft erscheint.
Lebensweise: Schönechsen bevorzugen offenes Gelände oder lichte, sonnendurchflutete Wälder. Häufig sind sie auch auf Zaunpfählen, Felsen, an Böschungen und am Boden anzutreffen.
Einige Arten gelten als reine Kulturfolger. Bekannt ist die Streitsüchtigkeit der ♂♂ sowie ihre starke Neigung zur Revierbildung.
Haltung: Leicht bepflanztes Trockenwaldterrarium (H ≧ 130, B ≧ 180, T ≧ 70 cm) mit einigen Ästen und Felssteinen. *Calotes*-Arten sind Echsenfresser, deren Hauptnahrung jedoch aus Insekten besteht.
Verbreitung: 0-2100 m, Iran bis südliches China, nördlich bis zum Himalaya-Gebirge, südlich bis Malediven und Sri Lanka sowie Sumatra.

Calotes calotes
(LINNAEUS, 1758) - Sägerückenagame

Beschreibung: ♂♂ KRL 90-130, SL 400-500 mm, ♀♀ etwas kleiner. Die höchste Stelle der sägeartigen Rückenkammschuppen liegt im Nackenbereich. Zum Schwanz hin fällt der Kamm stark ab. ♂♂ besitzen deutlich längere Kammschuppen als ♀♀. Oberhalb des Tympanums erhebt sich

Das prächtige Männchen von Calotes calotes überzeugt als „Schönechse".

eine Reihe mehr oder weniger hoher Stacheln. Auf gewöhnlich leuchtend grüner (auch brauner bis fast schwarzer) Oberseite verlaufen 4-7 weißliche oder dunkle Querstreifen. ♀♀ können auch mit einem weißlichen dorsolateralen Längsstreifen gezeichnet sein. Die Kopffärbung der ♂♂ variiert von dunkelrot über orange bis hellgrün. Dabei erscheinen unterhalb des Tympanums und des Auges weiße bis schwarzblaue Flecken.

Lebensraum und Verhalten: Auf Sri Lanka bewohnt *Calotes calotes* häufiger die feuchten Bergzonen bis max. 1500 m als trockene Ebenen. Kleine Bäume, Büsche oder stark bewachsene Böschungen nahe Fließgewässern sind beliebte Aufenthaltsorte der ausgezeichneten Schwimmer.

Fortpflanzung: Die Fortpflanzung erfolgt in der feuchten Zone Sri Lankas jahreszeitenunabhängig, in trockenen Gegenden der Insel beschränkt sie sich auf die Regenzeit. Gelege bestehen aus 6-12 Eiern (12 x 18 mm). Nach einer Inkubationszeit von 79-84 Tagen (20-26 °C) schlüpfen die anfangs überwiegend bräunlichen Jungtiere.

Besonderheiten: Wildfänge gebärden sich in der Eingewöhnungsphase sehr hektisch und verweigern häufig Futterinsekten. Kleinere Echsen (z. B. mißgebildete Geckos) werden eindeutig als Nahrung bevorzugt und tragen wahrscheinlich zur erfolgreichen Haltung bei. Ständig nachstellende ♂♂ bringen ♀♀ oft in eine Streßsituation, die durch eine dunkelbraune Färbung signalisiert wird. Das ♂♀ muß dann zeitweilig getrennt werden. Jungtiere und trächtige ♀♀ bedürfen hoher Kalk- und Vitamingaben. *Calotes calotes* gilt als heikel und lebt im Terrarium nicht viel länger als zwei Jahre.

Verbreitung: Sri Lanka, Süd-Indien (Travancore, Shevaroy Berge) und Nikobaren.

Calotes emma emma
GRAY, 1845

Beschreibung: ♂♂ KRL 105-115, SL bis 290 mm, ♀♀ etwas kleiner, Schlüpflinge 32+90 mm (KRL+SL). Der Rückenkamm besteht aus hohen lanzenförmigen

Calotes emma emma aus Thailand.

(Nacken) und sägeartigen Schuppen (Rücken), die zum Schwanz hin wesentlich niedriger werden. Den Rückenkamm der ♀♀ deuten nur sehr kurze sägeartige Schuppen an. Am hinteren Ende des Augenbrauenbogens und oberhalb des Tympanums befinden sich mehr oder weniger hohe stachelartige Schuppen, die von kleineren umgeben sind.
Eine auffällig rote Färbung ziert das vordere Rückenteil, die Kopfoberseite und einen breiten Streifen von der Schnauzenspitze bis zum Hinterkopf. (Prachtfärbung ♂♂), während ein niedriges schwarzes Dreieck kontrastreich die Kopfseiten schmückt. Kehle, Kehlsack und Arme sowie die vordere Hälfte der Körperseiten sind ebenfalls mehr oder weniger schwarz und teilweise hell gepunktet. Vom Hinterkopf bis zum Schwanz verläuft ein fast weißer dorsolateraler Streifen. Den gesamten rötlichbraunen hinteren Teil überzieht eine dunkle rautenartige Rücken- und oft auch Flankenzeichnung.
♀♀ besitzen einen gelben Kehlsack, der mit schwarzen Punkten oder Streifen versehen ist. Kopf, Vorderkörper und Arme sind kräftig rötlichorange bis rostrot, dabei zeichnet sich ein schwarzer Schulterstreifen ab. Die hintere Körperhälfte, einschließlich der Extremitäten erscheint blaßrötlichbraun mit undeutlichen dunklen Querbinden über dem Rücken. Diese Färbung besaß *Calotes emma emma* aus dem Khao Yai National Park (650 m ü. NN) während der Trockenzeit im Mai.
Männliche Exemplare aus Süd-Thailand weisen während der Regenzeit im August neben einer rotschwarzen Färbung überwiegend grüne Töne auf, die von unterschiedlichen bräunlichen oder schwarzen Mustern unterbrochen werden. Im März kann der gesamte Vorderkörper einschließlich Kopf, Kehle und Extremitäten, blau gefärbt sein, mit Ausnahme eines schwarzen Schulterstreifens und der schwarzen hinteren Körperhälfte. Unabhängig von allen Farbveränderungen bleiben nur die stets hellen Dorsolateralstreifen.

Lebensraum und Verhalten: *Calotes emma emma* scheint mehr an Wälder gebunden zu sein als andere *Calotes*-Arten. Dabei bevorzugen sie sonnendurchflutete Plätze am Waldesrand, z.B. an breiteren Gewässern. Diese Lebensräume beansprucht in Süd-Thailand auch *Calotes versicolor,* so daß beide Arten nicht weit voneinander entfernt zu finden sind. Sie sitzen überwiegend an Baumstämmen oder auf dünnen Zweigen. Ihre Jungtiere wachsen zunächst am Boden gemeinsam heran. *Calotes emma emma* gehört zu den Agamen, die zu Lautäußerungen fähig sind. Wird der *Calotes* gefangen und festgehalten, lassen sich deutlich quiekende Laute vernehmen.

Fortpflanzung: ♀♀ aus Süd-Thailand legten im August 4-6 Eier (max. 12 Eier, 11 x 17 mm). Bei einer Temperatur von ∅ 25-28 °C schlüpften die Jungtiere nach 62-74 Tagen, bei ∅ 19-22 °C nach 100 Tagen.

Besonderheiten: Tiere aus dem südlichen Verbreitungsgebiet benötigen Regenwaldterrarien. Trockenwaldterrarien mit simulierten Regen- und Trockenzeiten sind für nördliche Populationen erforderlich. Die genaue Kenntnis des Fundortes ist daher für die artgerechte Pflege unerläßlich.

Verbreitung: *Calotes emma emma* - Assam, Indien; Birma, Thailand; nördliche Halbinsel Malaysia; Kambodscha; Laos; Vietnam; *Calotes emma alticristatus* - Nord-Thailand, Süd-China (Yunnan).

Calotes mystaceus

DUMÉRIL & BIBRON, 1837

Beschreibung: Anscheinend variiert die Größe geographisch, KRL ♂ 95, ♀ 85, SL 200, ♀ 173 mm oder ♂ KRL 140, SL 280 mm, ♀ etwas kleiner; Schlüpflinge 24-26+40-46 mm (KRL+SL). Am Hinterkopf stehen beidseitig je zwei stachelartige Schuppen, die von kleineren umsäumt sein können. Der durchgehende Nacken- und Rückenkamm der ♂♂ wird im hinteren Rumpfviertel aus niedrigen, dreieckigen Schuppen gebildet. Nur bis etwa zur Rumpfmitte reicht der Rückenkamm der ♀♀. Faszinierend wirkt die leuchtend blaue bis türkise Färbung der vorderen Körperpartie, Kopf und Arme eingeschlossen. Dunkelblaue bis violette Töne grenzen Kehle und Kehlsack ab. Unter dem Auge erstreckt sich ein breiter weißlicher oder gelber Streifen von der Schnauzenspitze bis zur Schulter. Den Rücken bedecken beidseitig je 4 große, rötlich bis braun gefärbte Flecken. Die gesamte Oberseite kann aber auch bräunlich oder mehr grau aussehen. Dabei bleiben der helle Streifen am Kopf und die dunklen Rückenflecken erhalten, der Kehlbereich wirkt dann rötlich. ♀♀ zeigen eine ähnliche, jedoch nicht so leuchtende Prachtfärbung. Frisch geschlüpfte Jungtiere sind einfarbig grau mit dunklen Querriegeln.

Lebensraum und Verhalten: *Calotes mystaceus* ist ein Kulturfolger, der selbst mitten in Bangkok an Bäumen zu finden ist. Außerhalb der Städte sieht man ihn an Straßenbäumen und in lichten Wäldern. Beim Anblick eines potentiellen Freßfeindes wird ebenfalls die Prachtfärbung gezeigt.

Fortpflanzung: Während der Trockenzeit etwa Februar/März beginnen ♂♂ in ihrer Prachtfärbung mit der Balz. Die Paarungszeit erstreckt sich von April bis Mai. Während des Monsunregens im Juni werden 7-11 Eier (10-11 x 15-18 mm) abgelegt. Bei ∅ 24-26 °C schlüpfen die Jungtiere nach 60-70 Tagen.

Verbreitung: 0-1500 m, Birma; Thailand; Laos; Kambodscha; Vietnam; Andamanen und Nikobaren.

Männchen von Calotes mystaceus in Prachtfärbung aus Pak Chong, Thailand.

Calotes versicolor
(DAUDIN, 1802)

Beschreibung: KRL ♂ 90-140, ♀ 65-120, SL ♂ 270-350, ♀ 155-240 mm, Schlüpflinge 21-27+32-53 mm (KRL+SL). Die Größe variiert geographisch. Aus dem Flachland des westlichen Verbreitungsgebietes stammen die größten Exemplare.

Oberhalb des Tympanums befinden sich beidseitig des Kopfes zwei separate Stacheln oder eine Gruppe derselben. ♂♂ sind vom Nacken bis zur Schwanzwurzel mit einem durchgehenden Rückenkamm ausgestattet. Bei ♀♀ bedeckt er max. das erste Drittel des Rückens, häufig auch nur den Nacken. Diese sekundären Sexualunterschiede können bei einigen Populationen direkt nach dem Schlupf erkannt werden, bei anderen erst nach 5-6 Monaten. In diesem Alter beginnen ♂♂ mit ersten deutlichen Farbwechseln.

♀♀ und insbesondere ♂♂ variieren ihre Färbung und Zeichnung außerordentlich stark. In der Re-

Ein junges Männchen von Calotes versicolor von der Halbinsel Malaysia.

Calotes versicolor von den Malediven.

gel tragen Juvenile und ♀♀ aus Sri Lanka einen hellen oder dunklen Dorsolateralstreifen auf jeder Rückenseite, der sich vom Auge bis zum Schwanz erstreckt. Häufig zieren den Rücken zusätzliche helle oder dunkle Querbänder. Die Zeichnung der ♂♂ kann ähnlich sein, wirkt aber bei alten Exemplaren verwaschen. In der Prachtfärbung ist gewöhnlich keine Zeichnung mehr zu erkennen. Der Kopf nimmt ein leuchtendes Gelb an, der Kehlsack prangt kräftig rot/schwarz, auf dem Körper dominiert Gelb oder Rot, auf den Extremitäten dagegen Schwarz. ♂♂ aus Süd-Thailand färben ihren Kopf und Kehlsack rot und den Körper sowie die Extremitäten gelb. Dabei heben sich ein schwarzer Schulterstreifen und schwarze Backen ab.

Lebensraum und Verhalten: *Calotes versicolor* gilt als ein reiner Kulturfolger, der an keinen bestimmten Biotop gebunden ist. Er bevölkert offenes Gelände mit Büschen und vereinzelten Bäumen ebenso wie steinige Gebiete. Auf dem Boden ist er genauso häufig anzutreffen wie an Bäumen. Durch Waldrodungen und Straßenbau gelingt es den Schönechsen, sich immer weiter auszubreiten. So dringen sie beispielsweise in Höhen vor, die sie früher nicht bewohnt haben. Dabei verdrängen und dezimieren sie kleinere Agamenarten, da sie die Jungtiere fressen. Populationen aus nördlichen Verbreitungsgebieten legen eine Art Winterruhe ein, in der Aktivität und Nahrungsaufnahme stark eingeschränkt sind.

Fortpflanzung: Die Fortpflanzungszeit beginnt kurz vor der Regenzeit und wird durch Farbwechsel und Revierkämpfe der ♂♂ eingeleitet. Auf exponierten Plätzen beobachten sie die Umgebung, nicken mit Kopf und Vorderkörper und spreizen drohend ihren Kehlsack ab. Damit fordern sie andere ♂♂ heraus. Zwei zum Kampf bereite ♂♂ betrachten sich zunächst aus einiger Entfernung, nähern sich geradlinig und stürzen dann aufeinander los. Dabei stehen beide auf Hinterbeinen und Schwanz, halten sich mit den Vorderbeinen fest und versuchen den Gegner zu beißen. Entschließt sich keiner zum Rückzug, kommt es nicht selten zu schweren Verletzungen.

Revierkampf bei Calotes versicolor.

Sind die Reviere aufgeteilt, werden die ♀♀ umworben. Kopulationen dauern nur eine Sekunde, werden aber mehrmals im Abstand von 20 Minuten durchgeführt. Zur Mitte der Regenzeit legen ♀♀ 1-25 Eier (4-13 x 10-19 mm) ab. Je nach Temperatur schlüpfen die Jungtiere nach 37-79 Tagen (letzter Wert für 22-23 °C). Kurz vor dem Schlupf haben die Eier eine Größe von 10-15 x 14-23 mm erreicht. *Calotes versicolor* wird mit 9-12 Monaten geschlechtsreif.

Besonderheiten: Wildfänge und ♂♂ während der Paarungszeit stoßen sich häufig an den Terrarienscheiben die Schnauze auf. Das Glas ist so zu präparieren, daß sie ihr Spiegelbild nicht sehen können.

Ein Zuchtpärchen muß aus demselben Gebiet kommen, da Hoden und Eierstöcke in einem bestimmten Jahresrhythmus wachsen und sich wieder zurückbilden. Mit buschartigen Pflanzen versehene Aufzuchtbehälter von 70 x 60 x 60 cm (H x B x T) haben sich für die ersten 7 Lebensmonate bewährt. Vorsicht ist geboten, da selbst Jungtiere schon kleinere Echsen fressen.

Verbreitung: 0-2100 m, Iran bis Süd-China, südlich bis Malediven und Sumatra.

Lit.: MANTHEY 1985 a.

Kurzdarstellung

Calotes grandisquamis GÜNTHER, 1875
KRL 145, SL 330 mm; Rückenseite einfarbig grün oder mit breiten schwarzen Querbändern, orangefarbener Fleck manchmal auf jeder schwarzen Schuppe, Unterseite blaßgrün. 6-12 Eier. - Indien (Anaimalai und Bramagherry Berge, Ponmudi (Travancore)). **Lit.:** SMITH 1935.

Calotes jerdoni GÜNTHER, 1870
KRL 100, SL 285 mm; Rückenseite grün mit gelber, orangefarbener oder brauner Zeichnung, schwarze Schulterfalte. Hochland, ca. 1800 m, auf niedrigen Büschen oder Farnen. Paarung und Eiablage unter Moos (bis 12 Stück) im August. - Assam (Khasi Berge); Birma (Chin Berge u. Maymyo); West-Yunnan. **Lit.:** SMITH 1935.

Calotes liocephalus GÜNTHER, 1872
KRL 90, SL bis 260 mm, Schlüpflinge 26+58 mm (KRL+SL); keine stachelartigen Schuppen an Kopfseiten, Rückenkamm niedrig, ♂♂ mit auffällig großem Kopf. Vorderkörper und Kopf grün oder blaugrün mit unregelmäßigen schwarzen Querbinden, Bauchseite gelb oder gelblichgrün; Juvenile grün, dunkle Querriegel auf olivfarbenen Beinen und Schwanz; Körper mit 3 weißlichen Querbändern. 3 Eier (11 x 19 mm) im August. Bergland 400-1000 m, an Baumstämmen. - Sri Lanka (Peradeniya, Pandalu Oya und Knuckles Berge). **Lit.:** ERDELEN 1984.

Calotes nemoricola JERDON, 1853
KRL ♂ 72-145, ♀ 64-120, SL bis 330 mm, Schlüpflinge 25+51 mm (KRL+

Calotes liocephalus, Sri Lanka.

Calotes nigrilabris, Sri Lanka.

SL). Rückenseite grün oder bräunlich mit undeutlicher dunkler Zeichnung, schwarzer Streifen vom Auge bis oberhalb Tympanum. Kehle mit schwarzen Streifen, Kehlsack rosa bis blutrot (♂♂). Paarungszeit April bis September, 8-16 Eier (7,5 x 12 mm), Schlupf nach 49-51 Tagen. Kulturfolger, in Gärten auf Bäumen und am Boden; Nahrung: Kleine Echsen, schwarze Ameisen und Insekten. - Süd-Indien. **Lit.:** RAO & RAJABAI 1972 a, b.

Calotes nigrilabris PETERS, 1860
♂♂ KRL 86-105, SL 270-310 mm, ♀♀ etwas kleiner, Schlüpflinge 30+74 mm (KRL+SL). Oberseite morgens schwarz, sonst einfarbig grün oder mit weißen, schwarz eingefaßten Querbändern bzw. Flecken. Kopfseiten der ♂♂ mit breitem schwarzen oder braunen Band, ♀♀ gewöhnlich mit weißem, schwarz umsäumten Streifen. 2-4 Eier (11 x 17 mm) in sandigen Böden, Oktober bis Dezember. Am Wegesrand auf Felsen oder Zaunpfählen; nur im Hochland 1300-2500 m, Nebelwaldterrarium. - Sri Lanka. **Lit.:** ANNANDALE 1912.

Calotes rouxi DUMÉRIL & BIBRON, 1837
KRL 77, SL 170 mm. Nackenkamm bei ♂♂ und ♀♀ vorhanden, Rückenkamm der ♂♂ angedeutet, ♀♀ ohne. Kehlsack nur bei ♂♂. Bräunlich mit dunkler Zeichnung, schwarze Schulterfalte. Während Paarungszeit (Mai-September) ♂♂ tief schwarz, mit intensiv rotem, mittigen Rückenstreifen; Kopfoberseite auch rot, ebenso ein Band von Schnauzenspitze bis Schulter sowie Spitze des Kehlsackes. 4-9 Eier (6 x 11 mm). In Wäldern, Baumbewohner. - Süd-Indien. **Lit.:** DANIEL 1983.

Ceratophora GRAY, 1834
Hornagamen – 3 Arten

Merkmale: Schon der Name deutet auf die skurrilen Schnauzenfortsätze der kleineren Baumagamen hin. Sie sind als Schwellorgan ausgebildet und enthalten weiches, schwammartiges Gewebe, das von einer schützenden Hülle umgeben wird. Bei den ♂ sind die Schnauzenhörner größer als bei den ♀. Der Rücken ist mit unregelmäßig angeordneten, dachziegelartigen Schuppen von unterschiedlicher Größe bedeckt. Kehlsäcke und sichtbare Trommelfelle fehlen ebenso wie Rückenkämme. Vorhanden ist nur ein schwach ausgebildeter Nackenkamm.

Lebensweise: In feuchten Bergwäldern sind die langsamen Agamen am unteren Teil der Baumstämme oder am Boden auf Nahrungssuche zu finden.

Haltung: Wegen der Habitatszerstörungen sind alle Arten in ihrem Bestand stark gefährdet. Die Haltung wirft einige Probleme auf. Sie dürfen nicht mit anderen Reptilien oder Amphibien vergesellschaftet werden, da sie ruhebedürftig sind und über einen längeren Zeitraum keinen Streß vertragen. Hauptsächlich fressen *Ceratophora*-Arten Würmer und kleinere Insekten.

Verbreitung: 600-2100 m, Sri Lanka.

Lit.: SENANAYAKE 1979, TOMEY 1983 a, b.

Ceratophora stoddartii
GRAY, 1834

Beschreibung: KRL 80, SL 151 mm. *Ceratophora stoddartii* trägt auf der Schnauzenspitze ein rundliches, zum Ende zugespitztes weiches, glattes Horn, dessen Länge geschlechtsabhängig ist. Es fällt bei ♀♀ wesentlich kleiner aus oder fehlt (bei 42%). Allerdings wurden auch schon ♂♂ ohne Horn gefunden. Das kleine lappenartige Nackensegel der ♂♂ hängt gewöhnlich schlaff zur Seite, kann aber auch aufgestellt werden.

Urweltlich wirkt das Ceratophora stoddartii-Männchen.

♂♂ zeigen bräunliche oder grünliche Töne mit schwarzen Unterbrechungen, die auf dem Rücken undeutliche Querbänder bilden können. Teilweise leuchtet auf der Schulterregion ein gelber Fleck. Das Horn, die Kehle sowie die oberen Lippenschilder heben sich weißlich ab.
♀♀ haben eine braune, dunkel gefleckte Oberseite mit einem helleren Rückenlängsband.
Juvenile sind bräunlich bis leicht oliv gefärbt und tragen auf dem Kopf weißliche v-förmige Querbänder. Am Hinterkopf beginnt ein sehr helles, weiß umsäumtes Rückenlängsband, das mit kleinen dunklen Flecken versehen ist und auf dem Schwanz endet.
Lebensraum und Verhalten: An lichten Stellen des Waldes sitzen die Agamen an Baumstämmen in etwa 1-2 m Höhe. Sie bewegen sich gemächlich und verharren bei Annäherung eines Menschen an ihrem Platz, da sie sich auf ihre Tarnung verlassen. Jungtiere sind häufiger am Boden anzutreffen. *Ceratophora stoddartii* lebt als einzige Hornagame auch in Hausgärten.
Fortpflanzung: Die Paarung erfolgt „behutsam" ohne vorherigen Biß des ♂. Gewöhnlich werden 4 Eier vergraben.
Besonderheiten: Bei der Nahrungsaufnahme sehr langsam; Nebelwaldterrarium (H ≧ 120, B ≧ 150, T ≧ 60 cm).
Verbreitung: 1500-2100 m, Zentrales Hochland von Sri Lanka (Nebelwald).

Ceratophora tennentii
GÜNTHER, 1861

Beschreibung: KRL 68-80, SL 135-145 mm. Beide Geschlechter sind mit einem blattförmigen, seitlich abgeflachten Nasenanhang ausgestattet, der spitz ausläuft und mit zahlreichen Schuppen übersät ist. Bei Erregung stellen ♂♂ ein höheres Nackensegel auf als ♀♀, außerdem ist ihr Nasenanhängsel größer.
Oberhalb der leuchtend blauen bis braungrauen Flanken der ♂♂ verläuft ein oliv bis bräunliches Rückenlängsband. Die Kehle variiert von intensiv gelb bis gelblicholiv und das von der Schnauzenspitzen bis zum Hals oder nur bis zum Mundwinkel reichende breite

Ein Männchen von Ceratophora tennentii.

Band von weißbläulich über türkis bis bräunlicholiv. Eine ähnliche Farbpalette zeigt auch der Schnauzenanhang. Bei ♀♀ überwiegen bräunliche Töne. Das hellere Dorsallängsband ist dunkel begrenzt.

Lebensraum und Verhalten: *Ceratophora tennentii* bewohnt annähernd gleiche Lebensräume wie *Ceratophora stoddartii* und zeigt auch ein ähnlich langsames Verhalten. Nur beim Beutefang soll die Agame erheblich wendiger sein.

Besonderheiten: Nebelwaldterrarium (H ≧ 120, B ≧ 120, T ≧ 60 cm).

Verbreitung: 900-1200 m, Knuckles Berge, Sri Lanka.

Ceratophora aspera.

Kurzdarstellung

Ceratophora aspera GÜNTHER, 1864

KRL ♂ 31, ♀ 35, SL ♂ 44, ♀ 45 mm, Schlüpflinge 15+20 mm (KRL+SL). Tannenzapfenartiger Schnauzenfortsatz, größer bei ♂♂; Körper graubraun bis dunkelbraun, Kehle ♂♂ orange, ♀♀ orangebraun. Paarweise in Bergregenwäldern, mehr Bodenbewohner, auf Fallaubschicht oder niedrigen Zweigen beim Beutefang äußerst flink und geschickt; 2 Eier; Regenwaldterrarium - Zentrales Bergland von Sri Lanka.

Chelosania GRAY, 1845

Monotypische Gattung

Merkmale: *Chelosania* wird durch einen lateral abgeflachten Kopf und Rumpf charakterisiert. Vorhanden sind ein Kehlsack, ein niedriger Nackenkamm, ein sichtbares Tympanum sowie ein abgestumpftes Schwanzende. Femoral- oder Praeanalporen fehlen.

Lebensweise: Die überwiegend auf Bäumen lebenden Agamen bewohnen halbfeuchte Savannen und Galeriewälder mit niedrigem Baum- und dichtem Buschbewuchs.

Haltung: Vermutlich eignet sich für die Pflege ein Trockenwaldterrarium (H ≧ 100, B ≧ 120, T ≧ 80 cm). Als Nahrung sollten Insekten angeboten werden.
Verbreitung: Kimberley-Region, Westaustralien sowie nördlicher Teil vom Nordterritorium.

Kurzdarstellung

Chelosania brunnea GRAY, 1845
KRL 118, SL 182 mm; blaßrötlich, gelbbraun bis grau, mit oder ohne dunkler Zeichnung. Ähnlich langsame Bewegungen wie Chamäleons, vor allem ♂♂ imponieren und drohen mit aufgestelltem Nackenkamm und Kehlsack. Juni bis September 2-9 Eier, Inkubationszeit 57-61 Tage.

Chlamydosaurus GRAY, 1825 Ⓖ BArtSchV
Kragenechsen – Monotypische Gattung

Merkmale: Charakteristisch für die Gattung ist eine aufstellbare Halskrause. Den Kragen bildet eine riesige Hautfalte unterhalb und seitlich des Kopfes, welche durch eine Reihe von knorpeligen Fortsätzen des Zungenbeines gestützt wird.
Lebensweise: Baumlebend. Eine besondere Fortbewegungsweise zeigen am Boden flüchtende Kragenechsen: Sie laufen dann nur auf den Hinterbeinen. *Chlamydosaurus* bewohnt Trockenwälder und Baumsteppen. Ihre natürliche Nahrung besteht aus Insekten, kleineren Echsen und Ameisen.
Haltung: Unbepflanztes Trockenwaldterrarium (H ≧ 140, B ≧ 200, T ≧ 70 cm) mit senkrechten Ästen.
Verbreitung: Nord- und Nordost-Australien sowie südliches Neuguinea.

Kurzdarstellung

Chlamydosaurus kingii GRAY, 1825
KRL ♂ 220-260, SL 440-550 mm, ♀ etwas kleiner; Schlüpflinge 135-160 mm GL. Kleiner Nackenkamm aus leicht vergrößerten Schuppen; 6-20 Praeanal- und Femoralporen. Rückenseite grau, braun, orangebraun oder fast schwarz, gewöhnlich mit dunklem Netzwerk, kann unregelmäßige Querbänder bilden. Halskrause gelb bis schwarz, oft mit leuchtend orange und rot vermischt. Nach einem Monat milder Winterruhe (20 °C, nachts 17 °C) 3 Gelege (8-14 Eier) in monatlichen Abständen. Bei 28,5 °C Schlupf nach 85-90 Tagen. In großem Terrarium gemeinsame Aufzucht der Jungtiere, müssen nach ca. 4 Monaten getrennt werden. **Lit.:** REISINGER 1992.

Cophotis PETERS, 1861
Ceylon-Taubagamen - Monotypische Gattung

Merkmale: Der Rücken des lateral abgeflachten Körpers wird von unterschiedlich großen, unregelmäßig angeordneten schindelförmigen Schuppen bedeckt. Das Tympanun ist nicht sichtbar. Die Taubagamen weisen einen Nacken- und Rückenkamm sowie einen kleinen Kehlsack auf. Der Schwanz ist als Greiforgan ausgebildet.

Lebensweise: Die arboricolen Agamen bewohnen feuchte Bergwälder. Sie bevorzugen den unteren Bereich der Bäume, sind aber auch auf Büschen und Hecken innerhalb von Ortschaften zu finden.

Haltung: Stark bepflanztes Nebel- oder Regenwaldterrarium (H ≧ 100, B ≧ 140, T ≧ 50 cm) mit dünneren Ästen. Sie ernähren sich von Insekten.

Verbreitung: 600-2100 m, Zentrales Bergland von Sri Lanka.

Cophotis ceylanica
PETERS, 1861

Beschreibung: KRL ♂ 60-66, ♀ 67; SL ♂ 80-85, ♀ 67 mm, Schlüpflinge 20+24 mm (KRL+SL). Der nicht ständig aufgerichtete Nackenkamm setzt sich aus 3-4 sägeförmigen Schuppen zusam-

Charakteristisch für die Taubagame Cophotis ceylanica sind die nicht sichtbaren Trommelfelle.

men und steht gewöhnlich vom gleichartigen Rückenkamm getrennt. In Abhängigkeit vom Erregungszustand verändert sich die Farbe der ♂♂. Vorherrschend sind unterschiedliche Braun- und Grüntöne, die oft unregelmäßige Querbänder bilden. Jungtiere und ♀♀ erscheinen hellgrau mit brauner Bänderung.

Verhalten: Die langsamen Agamen zeigen ein ausgeprägtes Droh- und Demutsverhalten.

Fortpflanzung: *Cophotis ceylanica* ist als einzige Baumagame lebendgebärend (ovovivipar). Die Anzahl der Jungen schwankt zwischen 2 und 8.

Besonderheiten: Nach KÄSTLE können mehrere ♂♂ zusammen gehalten werden. Dies ist nicht generell empfehlenswert. Bei der Pflege von 2 ♂♂ und 1 ♀ haben die ♂♂ sich untereinander Bißverletzungen zugefügt.

Neben anderen Insekten fressen sie gerne Bienen und Wespen, die stets am stachellosen Ende gepackt werden. Insbesondere trächtige ♀♀ und Jungtiere müssen reichlich mit Kalk versorgt werden.

Lit.: KÄSTLE 1966, TOMEY 1982.

»Cophotis« (inc. sed.) nach MOODY 1980
Bisher unbeschriebene monotypische Gattung

Merkmale: Breite, dachziegelartige, in unregelmäßigen Querreihen angeordnete Schuppen bedecken die Oberseite des seitlich stark abgeflachten Körpers. Auf der Schnauzenspitze befindet sich ein hornähnlicher Fortsatz. Eine große Schuppe markiert andeutungsweise das Tympanum. Vorhanden ist ein Kehlsack und verlängerte, spitze Schuppen bilden einen Kamm oberhalb des Auges. Der vom Nackenkamm getrennte Rückenkamm setzt sich auf dem Schwanz fort.

Lebensweise: Über lebende Exemplare dieses Drachens in Miniaturausgabe sind keinerlei Informationen verfügbar.

Fortpflanzung: Eierlegend.

Haltung: Nach den Fundorten zu urteilen, müßten stark bepflanzte Nebelwaldterrarien eine Haltung ermöglichen. Vermutlich sind die Baumbewohner Insektenfresser.

Verbreitung: Sumatra und Java.

»Cophotis« (inc. sed.) ***sumatrana***
(HUBRECHT, 1879)

Beschreibung: KRL ♂ 75, ♀ 77-81; SL ♂ 115, ♀ 103-119 mm. Das dünne, weiche Schnauzenhorn der ♂♂ ist ca. 5 mm hoch; das Horn der ♀♀ bleibt niedriger. Der Augenkamm setzt sich aus 6-7 verlängerten Schuppen zusammen. Neun über 4 mm lange Stachelschuppen bilden einen Nackenkamm, der sich deutlich vom Rückenkamm absetzt. Letz-

terer ist etwas niedriger (♂) oder lediglich angedeutet (♀). Nur auf dem Schwanzende fehlen Kammschuppen. Rücken und Schwanz überziehen breite, dunkle Querbänder. Die gesamte Oberseite dürfte gefärbt sein.
Fundorte: Padang?, West-Sumatra; Bogor und Pengalengan, West-Java.

Coryphophylax FITZINGER, 1843
Monotypische Gattung

Merkmale: Im Gegensatz zu den ähnlichen Arten der Gattung *Gonocephalus* bricht der Schwanz leicht ab und regeneriert. Durch äußere Merkmale können beide Genera nicht leicht unterschieden werden.
Lebensweise: Die Agamen sind stark an Wälder gebunden. Sie entwickeln eine extreme Schnelligkeit, klettern geschickt an Baumstämmen empor und springen auf der Flucht von einem Baum zum anderen.
Haltung: Regenwaldterrarium (H ≧ 150, B ≧ 150, T ≧ 70 cm) mit senkrechten Kletterästen.
Verbreitung: Nikobaren und Andamanen.

Coryphophylax subcristatus.

Kurzdarstellung

Coryphophylax subcristatus (BLYTH, 1860)
♂ KRL 100, SL 270 mm, ♀ kleiner. Hinterkopf mit vergrößerten konischen Schuppen; Rückenschuppen sehr klein, gekielt, vermischt mit größeren. Rückenkammausbildung alters- und populationsabhängig. Nackenkamm adulter ♂♂ aus dreieckigen Schuppen auf bogenförmigem Hautlappen; Rückenkamm aus gleichartigen Schuppen, etwas abgesetzt vom Nackensegel, auf dem Schwanz fortlaufend. Juvenile und ♀♀ gleichmäßig grünlich oder mit schwarzen Mustern; ♂♂ mit variablem netzartigen Muster oder mit dunkelbraunen Querstreifen auf Flanken, Zwischenräume gelb oder rot, Kehlsack mit gelb/rot/schwarzem Muster.

Cryptagama WITTEN, 1984
Monotypische Gattung

Merkmale: *Cryptagama* unterscheidet sich von anderen Gattungen durch einen dorsoventral abgeflachten, sehr gedrungenen Körper und Kopf. Die Gliedmaßen sind kurz, und der am Ende abgestumpfte Schwanz erreicht nicht die Kopfrumpflänge. Auf der gesamten Oberseite vermischen sich größere warzenartige Schuppen mit kleineren. Die Oberlippenschilder bilden einen gezackten Rand. Das Tympanum ist sichtbar. Durch ausgeprägte Hemipenistaschen unterscheiden sich ♂♂ von ♀♀.

Lebensweise: Die kleinen Bodenagamen leben auf sandigen Lehm- und Lateritböden, die mit dichtem Buschwerk bewachsen und mit Geröll bedeckt sind. Hier lauern sie auf kleine Insekten, insbesondere Ameisen. Bei Gefahr verlassen sich die Tiere oft auf ihre mimetischen Eigenschaften, oder sie verschwinden in Erdspalten sowie unter großen Steinen, wo sie auch die heißeste und trockenste Zeit verbringen.

Haltung: Für ein ♂♀ reicht ein Trockenterrarium mit den Maßen H $\geqq$ 60, B $\geqq$ 80, T $\geqq$ 50 cm aus. Es wird mit mergelhaltigem Sand, größeren Steinen sowie einem knorrigen Ast und einem Trinkgefäß ausgestattet. Kleine Insekten und Ameisen bilden die Hauptnahrung. Ab und zu sollte den Echsen vegetarische Kost angeboten werden.

Verbreitung: Westaustralien und Nordterritorium in der Umgebung von Hals Creek sowie Wolf-Creek-Krater bis Wave Hill.

Kurzdarstellung

Cryptagama aurita STORR, 1981
KRL 45, SL 40 mm; blaßbraun bis ziegelsteinrot, durchsetzt mit kleinen braunen Flecken auf Kopf und Rücken, Bauch weißlich. Schwanz teilweise unregelmäßig dunkelbraun bis bräunlichgrau gebändert. Eierlegend.

Ctenophorus FITZINGER, 1843
22 Arten und 12 Unterarten

Merkmale: In Abhängigkeit ihrer unterschiedlichen Lebensweise wurde die für Australien endemische Gattung in 4 Gruppen aufgeteilt. (EHMANN 1992).

Ctenophorus decresii-Gruppe
Spaltenagamen

6 Arten: *Ctenophorus decresii, Ctenophorus fionni, Ctenophorus ornatus, Ctenophorus rufescens, Ctenophorus vadnappa, Ctenophorus yinnietharra.*

Merkmale: Spaltenagamen erreichen eine KRL von 80-96 mm. Ihr Körper ist deutlich dorsoventral abgeflacht. Das Tympanum wird von Stachelschuppen umgeben. Die lebhafte Färbung der ♂♂ ermöglicht eine leichte Unterscheidung der Arten und Geschlechter. Bedingt durch eine unscheinbare bräunliche bis braungraue Farbe mit schwachen dunklen Flecken und Mustern, sehen sich ♀♀ sehr ähnlich.

Lebensweise: Die Bodenagamen bewohnen zerklüftete Felslandschaften, in deren Spalten sie Unterschlupf finden. Sie ernähren sich von Insekten.
Haltung: Geeignet ist ein Trockenterrarium (H ≧ 130, B ≧ 130, T ≧ 70 cm) mit einer Felsrückwand.

Ctenophorus decresii
DUMÉRIL & BIBRON, 1837

Beschreibung: ♂ ♀ KRL 80, SL 168 mm. Die kleinen Dorsalia sind gewöhnlich mit einigen etwas größeren tuberkelartigen Schuppen auf den Flanken durchsetzt. ♀♀ und Jungtiere zeigen eine bräunliche oder graue, dunkel gepunktete Oberseite. An den Flanken können wellige dunkle Streifen verlaufen. Kinn und Hals der hellen Bauchseite sind dunkel gesprenkelt. Der Rücken der ♂♂ ist bräunlich oder blaugrau. Die

Ctenophorus decresii wird bis zu 25 cm groß.

dunklen Flanken des Vorderkörpers sind bis zum Trommelfell durch weiße, gelbe oder orange Streifen eingefaßt. Die Kehle sowie die Brust erscheinen bei nördlichen Populationen leuchtend orange, bei südlichen bläulich.
Lebensraum und Verhalten: *Ctenophorus decresii* lebt in feuchten bis trockenen Gebieten auf Inselbergen und in Tälern, wo sich oft Tümpel oder kleine Bäche befinden. Jungtiere bewohnen sandige Flächen zwischen Felsgeröll, abseits der Aufenthaltsorte der Adulti. Populationen des südlichsten Verbreitungsgebietes (Cape Jervis und Kangaroo Insel) überwintern einen Monat in Felsspalten.
Fortpflanzung: Die Paarungszeit beginnt im australischen Frühling. Im zeitigen Sommer legen ♀♀ 3-8 Eier, die zur Entwicklung 53-79 Tage benötigen.
Besonderheiten: Das Terrarium darf nur mit einem ♂♀ besetzt werden.
Verbreitung: Östliches Süd-Australien, Kangaroo-Insel, Mt.-Lofty-Berge, Flinders Ranges sowie Olary Spur bis Nonntharangee Range in Nordsüdwales.
Lit.: HOUSTON 1974.

Ctenophorus maculatus-Gruppe – Sandagamen

5 Arten, 12 Unterarten: *Ctenophorus femoralis, Ctenophorus fordi, Ctenophorus isolepis, Ctenophorus maculatus, Ctenophorus rubens*

Beschreibung: Schlanke Körper (KRL 55-85 mm) mit langen Schwänzen kennzeichnen die kleinen Sandagamen. ♂♂ sind an ihrem dunklen Bauchmuster zu erkennen, das bei einigen Arten auch die Flanken überzieht.
Lebensweise: Als reine Bodenbewohner bevorzugen die Echsen sandige Habitate mit dichtem Bewuchs, der ihnen vor der heißen Mittagssonne und in der Nacht genügend Schutz bietet. Sie ernähren sich von Ameisen und werden in freier Natur kaum älter als ein Jahr.
Haltung: In einem Trockenterrarium (H ≧ 80, B ≧ 120, T ≧ 60 cm) mit einer 20-30 cm hohen Sandschicht und einigen Büscheln Trockengras müssen erste Erfahrungen gesammelt werden. Es ist fraglich, ob die Ameisenspezialisten auch andere Insekten fressen.

Kurzdarstellung

Ctenophorus femoralis (Storr, 1965)
KRL 55, SL 165 mm; unauffällig rötlich mit kleinen dunklen und hellen Flecken oder Punkten. Auf roten Sandböden, stark an *Triodia*-Gräser gebunden; häufig an warmen, bedeckten Tagen auf Jagd, frißt außer Ameisen auch andere kleine Insekten. – Umgebung Exmouth Golf, Westaustralien.

Ctenophorus reticulatus-Gruppe – Netzagamen

7 Arten: *Ctenophorus clayi, Ctenophorus gibba, Ctenophorus maculosus, Ctenophorus nuchalis, Ctenophorus pictus, Ctenophorus reticulatus, Ctenophorus salinarum.*

Merkmale: Relativ kurze Beine und Schwänze, breite Köpfe sowie merklich dorsoventral abgeflachte Körper charakterisieren die Gruppe. Das Tympanum erscheint klein oder liegt unter Schuppen verborgen. Die KRL beträgt 60-115 mm.
Lebensweise: Die Tieflandbewohner ziehen sich in mehr oder weniger lange Erdhöhlen sandiger Böden zurück, die einige Arten von innen verschließen, um vor Hitze, Regenwasser und Freßfeinden geschützt zu sein. Während *Ctenophorus maculosus* nur Ameisen und andere Insekten vertilgt, fressen alle anderen auch Blüten, Blätter und Früchte.
Haltung: Die lebhaften Netzagamen sind in Trockenterrarien (H ≧ 100, B ≧ 120, T ≧ 80 cm) mit Lehm/Sandböden recht zutraulich. Eine Überfütterung muß vermieden werden. Zur Dekoration eignen sich z. B. imitierte Termitenbauten, Savannenholz, einige Steine und vertrocknete Gräser.

Ctenophorus nuchalis

(DE VIS, 1888)

Beschreibung: ♂ KRL 115, SL 170 mm, ♀ deutlich kleiner, Schlüpflinge 50-65 mm GL. Ein kleiner Schuppenkamm erhebt sich auf dem Nacken. Größere, teilweise in Querreihen angeordnete Schuppen vermischen sich mit kleinen glatten oder schwach gekielten Dorsalia. Altersunabhängig zeigen beide Geschlechter die gleiche Färbung. Ein rötlich- bis schwarzbraunes Netzmuster bedeckt Kopf und Körper. Zwischen größeren, hell eingefaßten Flecken verläuft eine helle Rückenmittellinie, die beidseitig von dunklen Tupfen umgeben ist.
Lebensraum und Verhalten: *Ctenophorus nuchalis* lebt in Gras- und offenen Buschsteppen auf sandigen Böden. In einigen Gebieten ist jeder Termitenhügel mit einer Netzagame besetzt. Bei Gefahr verschwinden sie blitzschnell in ihren Erdlöchern unter Sträuchern oder Gräsern.
Fortpflanzung: Während der Paarungszeit von Oktober bis Dezember liegen ♂♀ oft dicht beieinander. An der Balz sind auch die ♀♀ aktiv beteiligt. 4-6 Wochen nach der Kopulation legen sie 2-6 Eier, die je nach Temperatur eine Inkubationszeit von 55-79 Tagen benötigen. Etwa die Hälfte der Jungtiere stirbt in den ersten Wochen, alle anderen entwickeln sich problemlos. Nach ca. 4 Wochen bilden sie eine Rangordnung aus, die eine Trennung der ♂♂ erfordert.
Besonderheiten: Die Zuchtgruppe soll ein ♂♀ nicht überschreiten, da auch ♀♀ einer Rangfolge unterworfen sind. Im natürlichen Biotop überleben nur ca. 2% der

Ctenophorus nuchalis lebt in Gras- und Buschsteppen.

Jungtiere das erste Lebensjahr.
Verbreitung: Westliches und zentrales Australien, von der Küste bis West-Queensland und West-Nordsüdwales.
Lit.: KLAGES 1982.

Ctenophorus scutulatus-Gruppe – Radfahreragamen

4 Arten: *Ctenophorus caudicinctus, Ctenophorus cristatus, Ctenophorus mckenziei, Ctenophorus scutulatus.*

Merkmale: Die flinken Bodenbewohner besitzen mehr rundliche Körper mit langen Schwänzen. Einige Arten zeigen einen kleinen Rückenkamm. Ihre Färbung ist weniger der Umgebung angepaßt als die der anderen Gruppen.
Lebensweise: Die Agamen bewohnen lehmhaltige Böden mit Kieselsteinen und größeren Felsen in ariden bis semiariden Gebieten des Flach- und Berglandes. Die Vegetation variiert von offenen Wald- bis niedrigen Buschlandschaften. Südliche Arten legen im australischen Herbst und Winter eine Ruhepause ein.
Bei Gefahr fliehen sie blitzschnell über längere Strecken nur auf den Hinterbeinen, bis der Feind außer Sicht ist. Ihre Nahrung besteht unter anderem aus Fluginsekten, die sie im Lauf und Sprung erbeuten. Einige Arten leben nur 2 Jahre.
Haltung: Für die Pflege wird ein großes Trockenterrarium (H $\geqq$ 100, B $\geqq$ 150, T $\geqq$ 80 cm) benötigt. Der Bodengrund besteht aus einem Lehm/Sand/Kiesel-Gemisch mit einigen größeren Steinen. Eine längere Korkröhre dient als Kletterast und Versteckplatz. In der Eingewöhnungsphase müssen

die Scheiben so behandelt werden, daß sie undurchsichtig sind, damit die Agamen nicht dagegen laufen.

Ctenophorus cristatus
(GRAY, 1841)

Beschreibung: KRL ♂ 110, ♀ 67, SL ♂ 260, ♀ 125 mm. Über den Nacken, Rücken und einen Teil des Schwanzes verläuft ein flacher Stachelkamm. Parallel dazu liegen zwei Hautfalten mit vergrößerten Schuppen, die auf der Rumpfhälfte enden. ♂♂ zeigen cremefarbene oder rotorange Töne an Kopf, Vorderbeinen und Körper mit einem schwarzen Muster. Die restlichen grauen bis graubraunen Körperpartien sind mit unauffälligen dunklen oder hellen Flecken bedeckt. ¾ des Schwanzendes sind alternierend schwarzbraun-cremeorange gebändert. Vom Auge ausgehend, verlaufen schwarze unterbrochene Dorsolateralstreifen über die vordere Körperhälfte. Auf dem hellen Bauch heben sich schwarze Markierungen ab. ♀♀ besitzen eine graue Färbung, die auf der Oberseite dunkler ausfällt und eine schwach ausgeprägte Zeichnung enthält. Jungtiere sehen den ♀♀ ähnlich, haben jedoch einen helleren Bauch.

Lebensraum und Verhalten: *Ctenophorus cristatus* bewohnt sowohl aride als auch semiaride Gebiete mit lehmhaltigen Böden und offenen Wald- und Buschlandschaften, die oft mit größeren Felsen durchsetzt sind. Im australischen Herbst und Winter legen sie eine Winterruhe ein. Während der übrigen Jahreszeit sitzen insbesondere ♂♂ auf exponierten Plätzen, von denen sie die Umgebung gut beobachten können. Bei Gefahr flüchten sie in hohle Bäume oder in 40-100 cm tiefe, steil abfallende Erdlöcher. ♂♂ imponieren mit ihrer Prachtfärbung. Dabei blähen sie die Kehle auf und peitschen mit dem Schwanz. Ihre Hauptnahrung besteht aus kleinen Insekten und Skinken.

Fortpflanzung: Von Oktober bis Januar werden 2-5 Eier abgelegt. Die Inkubationszeit beträgt 53-75 Tage.

Verbreitung: Südliches West- und Südaustralien.

Lit.: PIANKA 1971.

Dendragama DORIA, 1988
Monotypische Gattung

Merkmale: Der Körper ist seitlich abgeflacht. Beide Geschlechter besitzen einen Kehlsack, ein sichtbares Tympanum und einen Nackenkamm, der vom Rückenkamm getrennt ist. Die Kamm-

schuppen reihen sich nicht direkt aneinander, sondern stehen in deutlichem Abstand. Diese Merkmale und die in Form und Größe unterschiedlichen Rückenschuppen differenzieren *Dendragama* deutlich von den ähnlichen Gattungen *Calotes, Pseudocalotes* und *Bronchocela.*
Lebensweise: Nach eigenen Beobachtungen bevorzugt die Hochlandagame halbschattiges Gebüsch in Bachnähe, außerhalb der Wälder. Dabei scheut sie die Nähe menschlicher Behausungen nicht. Während der Trockenzeit wurden wesentlich mehr ♂♂ als ♀♀ gesichtet.
Haltung: Stark bepflanztes Nebelwaldterrarium (H ≧ 100, B ≧ 100, T ≧ 60 cm) mit dünnen Ästen. Trocken- und Regenzeiten müssen simuliert werden. Die Agamen sind Insektenfresser.
Verbreitung: Nord- und West-Sumatra.

Dendragama boulengeri
Doria, 1888

Beschreibung: KRL ♂ 65-72, ♀ 70; SL ♂ 144-158, ♀ 146-149 mm. 4-7 stachelartige Schuppen bilden den auf einer Hautleiste sitzenden Nackenkamm. Die dreieckigen Rückenkammschuppen setzen sich bis zum Anfang des Schwanzes fort. Gewöhnlich leuchtet die Dorsalseite der ♂♂ in kräftigem Grün, wobei die Seiten mit einem dunklen Netzwerk versehen sein können. Kurze, teilweise undeutliche, dunkle Querbänder zieren den Rücken. Auf der Schulterregion befindet sich beidseitig ein schwarzer, länglicher, gelb umrandeter Fleck. Die grüne Oberseite kann recht schnell einen braunen Ton annehmen, von dem sich der vorher schwarze Schulterfleck dann hell abhebt. Bei ♀♀ wurde dieser krasse Farbwechsel noch nicht beobachtet. Ansonsten weisen sie eine ähnliche Färbung und Zeichnung auf, nur das Grün des Rückens leuchtet weniger auffällig, es ist stärker mit Brauntönen durchsetzt. Beide Geschlechter besitzen eine hell oder dunkel getönte Bauchseite. Die Iris schimmert grünlichblau (♂♂) oder braun (♀♀).

Ein Männchen von Dendragama boulengeri.

Fortpflanzung: Ein aus den Karo-Bergen stammendes ♀ legte im trockenen März 4 Eier (8x14 mm).
Fundorte: Mt. Singalang 2800 m, West-Sumatra; Vulkan Sinabung, Brastagi, Karo-Berge 1400 m, Nähe Toba-See 1200 m, Berg Simbolon, alles Nord-Sumatra.

Diporiphora GRAY, 1842
16 Arten

Merkmale: Die kleinen bis mittelgroßen Bodenagamen sind schmalköpfig und schlank mit langen Gliedmaßen sowie einem langen Schwanz. Sie besitzen sichtbare Trommelfelle, Praeanal- und selten 2 Femoralporen. Gewöhnlich fehlen jedoch Nacken- oder Rückenkämme. Die homogenen Dorsalia sind meist gekielt. Da *Diporiphora*-Arten wenig in Zeichnung, Größe, Form und Schuppenanordnung variieren, ist es schwer, die einzelnen Species zu unterscheiden. Die kräftige Querbänderung der jüngeren Tiere verliert sich im Alter.
Lebensweise: Die Gattung *Diporiphora* ist in Australien weit verbreitet und an keinen bestimmten Biotop gebunden. Einige Arten verbergen sich während der wärmsten Tageszeit, andere sind auch nachts auf warmen Straßen aktiv. Sie ernähren sich überwiegend von Insekten.
Haltung: Da die einzelnen Arten unterschiedliche Biotope bewohnen, sind einheitliche Haltungsbedingungen nicht gegeben. Die Arten *Diporiphora albilabris, Diporiphora bennettii, Diporiphora magna* z.B. bevorzugen Gebiete mit Wasserläufen, andere sind mehr auf trockene Habitate angewiesen.
Verbreitung: Australien und südliches Neuguinea.

Diporiphora bennettii
(GRAY, 1845)

Beschreibung: KRL 65-80, SL bis 180 mm. Vorhanden sind ein kleiner Nackenkamm und eine schwach ausgebildete Kehlfalte sowie 2-6 Praeanalporen. Der Rücken variiert in verschiedenen Brauntönen. Jüngere Exemplare zeigen zwischen hellen Dorsolateralstreifen dunkle Querbänder auf einem gewöhnlich grauen Vertebralstreifen. Die dunkelbraunen Flanken sind grau, weiß oder gelb gepunktet. Auf der Schulter sitzt ein dunkler Fleck, den meist auch ältere Tiere zeigen, während die übrige Zeichnung unkenntlich wird. In der Paarungszeit färben sich Kopf, Brust, Hüfte sowie Hinterbeine und Schwanzansatz der ♂♂ orange.
Lebensraum und Verhalten: Die-

se Agame lebt oft in der Nähe von Wasserläufen auf sandigen mit Geröll und Sandsteinen vermischten Böden, auf denen Stachel- und Büschelgras sowie Bäume wachsen. Das Klima ist heiß und halbfeucht.

Fortpflanzung: Im Januar legen ♀♀ vier bis fünf Eier.

Haltung: Ein Trockenwaldterrarium (H ≧ 100, B ≧ 120, T ≧ 80 cm), das mit einigen Steinen, schräggestellten Kletterästen sowie einem kleinen Wasserlauf ausgestattet ist, müßte sich für die Pflege eignen. Erfahrungen liegen nicht vor.

Verbreitung: Kimberley-Region, Westaustralien und Nordterritorium.

Draco LINNAEUS, 1758
Flugdrachen – 20 Arten und 19 Unterarten

Merkmale: Typisch für die quirligen *Draco*-Arten sind zwei große, oft farbenprächtige Hautlappen an den Flanken, die durch verlängerte, bewegliche Rippen gestützt werden. Weitere Hautsegel befinden sich seitlich des Halses. Die Kehlsäcke sehen häufig lang und schmal aus, manchmal sichelförmig.

Lebensweise: Gewöhnlich sind die Hautsegel längs des Körpers angelegt. Erst wenn ein Flugdrachen vom Baum springt, spreizen sich die Hautlappen und befähigen die Flugdrachen zu gesteuerten Gleitflügen. Dabei können Distanzen von etwa 50 m zurückgelegt werden. Stets segeln sie zu einem anderen Baum und landen mit dem Kopf nach oben. Nicht selten ist dieser schon von einem anderen ♂ besetzt, das sofort sein Revier verteidigt. Der Körper wird quergestellt, und durch Kopfnicken sowie mit schnellem, ruckartigen Aufstellen des bunten Kehlsackes versucht es, den Eindringling einzuschüchtern, der daraufhin gleichermaßen reagiert.

Draco melanopogon.

Nach einiger Zeit flieht eins von beiden spiralförmig den Baum hinauf, wird aber vom anderen sofort verfolgt und erneut durch Drohgebärden aufgehalten. Die Jagd dauert so lange, bis einer der Kontrahenten den Baum verläßt.
Flugdrachen besiedeln lichte Wälder ebenso wie dichte Regenwälder des Flach- und Berglandes. Sie ernähren sich fast ausschließlich von Ameisen und Termiten, die sie in großen Mengen vertilgen.
Taxonomie: Die Färbung der Hautsegel ist variabel und oft bei ♀♀ und ♂♂ unterschiedlich ausgeprägt. Vorhandene Farbbeschreibungen enthalten manchmal widersprüchliche Angaben. Daher ist die Bestimmung einiger *Draco*-Arten außerordentlich schwer.
Haltung: Je nach Herkunft eignen sich Trocken- oder Regenwaldterrarien (H ≧ 200, B ≧ 400, T ≧ 70 cm) mit mehreren dicken senkrechten Ästen. Obwohl die kleineren bis mittelgroßen Agamen durchaus häufig zu beobachten sind, muß von einer Pflege abgeraten werden. Neben dem großen Platzbedarf wirft die Ernährung weitere Probleme auf.

Draco volans sumatranus.

Fortpflanzung: Fast alle Arten legen 1-4, in Ausnahmen 6 Eier. Soweit bekannt, beträgt die Inkubationszeit nur 30 bis etwa 70 Tage.
Lit.: INGER 1983, LAZELL 1992, MUSTERS 1983.

Kurzdarstellung

Draco blanfordi blanfordi BOULENGER, 1885
KRL ♂ 120-134, ♀ bis 113 mm. Flughaut oben bräunlich mit feinen helleren Längsstreifen, unten gelblich. - Halbinsel Thailand/Malaysia und etwas nördlich davon. *Draco blanfordi indochinensis* - Kambodscha; Vietnam; *Draco blanfordi norvilli* - Assam, Nord-Indien und Nord-Birma.

Draco dussumieri, DUMERIL & BIBRON, 1837
KRL ♂ 78-86, ♀ 86-97 mm. Haut zwischen den Rippen rötlichschwarz mit gelben Punkten, Kehlsack gelb. Fortpflanzung während des Monsunregens. - Süd-Indien.

Draco fimbriatus fimbriatus KUHL, 1820
KRL ♂ 90-112, ♀ 102-117 mm. Körper braun/grau mit dunkler Zeichnung, Flughaut oben wie Körperfärbung, unten ♂ hellgrau mit dunklen Punkten, ♀ orange mit gelben Punkten. - Halbinsel Thailand/Malaysia; Borneo; Sumatra; *Draco fimbriatus hennigi* - Java.

Draco maculatus maculatus (GRAY, 1845)
KRL ♂ bis 87, ♀ bis 80 mm. Körper grau/braun, Flügelhaut oben rot, zum Körper hin gelblich, mit in hellen Längslinien angeordneten schwarzen Punkten; unten schimmert die Färbung der Oberseite durch. - Birma; West-Thailand; Halbinsel Thailand/Malaysia. *Draco maculatus haasei* - Ost-Thailand; Kambodscha; Süd-Vietnam; *Draco maculatus whiteheadi* - Nord-Vietnam; Hainan.

Draco melanopogon BOULENGER, 1887
KRL ♂ bis 85, ♀ bis 93 mm. Körper grünlich mit dunklem Muster; Flügelhaut oben schwarz mit zahlreichen gelben Punkten, Kehlsack schwarz. Meist 2 Eier. - Halbinsel Thailand/Malaysia; Sumatra; Borneo sowie zahlreiche vorgelagerte Inseln.

Draco quinquefasciatus HARDWICKE & GRAY, 1827
KRL ♂ bis 105, ♀ 106 mm. Körper variabel, bräunlich, gelblich-grün oder grau, manchmal mit bläulichen Flecken; Flügelhaut oben gelb, orange oder rötlich mit 5 schwarzen Querbändern, in deren Mitte eine Querreihe von hellen Punkten. - Halbinsel Thailand/Malaysia; Sumatra; Borneo.

Draco volans volans LINNAEUS, 1758
KRL ♂ bis 82, ♀ bis 96 mm. Körper grau mit dunklem Muster; Flügelhaut grau, schwarz durchsetzt mit hellen Flecken. - Java und Bali. *Draco volans boschmai* - Indonesische Inseln Lombok, Sumbawa, Komodo, Rintja, Sumba, Adunara, Flores, Sulawesi; *Draco volans reticulatus* - Philippinen; *Draco volans sumatranus* - Halbinsel Thailand/Malaysia; Sumatra; Borneo; Palawan sowie zahlreiche vorgelagerte Inseln; *Draco volans timoriensis* - Indonesische Inseln Timor, Roti, Alos, Semau, Wetar.

Gonocephalus KAUP, 1825
Echte Winkelkopfagamen - 17 Arten und 2 Unterarten

Merkmale: Der Name *Gonocephalus* bedeutet eckiger/kantiger Kopf. Dies bezieht sich sowohl auf den Augenbrauenbogen als auch auf das Knochenfeld zwischen Auge und Nase (Canthus rostralis). Der Körper ist seitlich abgeflacht. Die Agamen erreichen je nach Art eine KRL von 90-170 mm und eine Schwanzlänge von max.

430 mm. Kehl- und Schulterfalte, Kehlsack, Nackenkamm sowie ein sichtbares Tympanum sind bei beiden Geschlechtern immer vorhanden. Alle ♂♂ und die Mehrheit der ♀♀ tragen einen Dorsalkamm. Die Rückenschuppen sind klein und homogen oder mit größeren vermischt.

Lebensweise: In Regenwäldern des Flach- und Berglandes bewohnen Winkelkopfagamen häufig den obersten Bereich der Urwaldriesen, so daß sie schwer zu entdecken sind. Als Schlafplatz nutzen sie gerne das Ende dünner Zweige. Nach den bisherigen Beobachtungen entfernen sie sich nicht allzu weit von Fließgewässern und geben dort ihren Kot ins Wasser ab.

Haltung: In einem Regenwaldterrarium (H ≧ 150, B ≧ 150, T ≧ 70 cm) mit robusten Pflanzen sowie senkrechten dicken und dünnen Ästen können Winkelkopfagamen viele Jahre gepflegt werden und lassen sich relativ leicht nachzüchten. Sie fressen größere Insekten, hin und wieder nestjunge Mäuse sowie teilweise auch Regenwürmer. Die Friedfertigkeit der Agamen (mit Ausnahme *Gonocephalus grandis*) gestattet die Haltung von 2 bis 3 Arten in einem großen Terrarium. Nachzuchterfolge werden dadurch nicht negativ beeinflußt. Wildfänge benötigen z. T. eine recht lange Eingewöhnungsphase, in der sie auf hastige Bewegungen des Pflegers mitunter panikartig reagieren.

Verbreitung: 0-1600 m, Halbinsel Thailand/Malaysia (südl. des Isthmus von Kra); Sumatra; Java; Borneo und Philippinen sowie eine Reihe kleinerer Inseln im Sunda-Archipel.

Lit.: MANTHEY & DENZER 1991 b.

Gonocephalus bellii
(DUMÉRIL & BIBRON, 1837)

Beschreibung: KRL ♂ 125-150, ♀ 105-120, SL ♂ 260-340, ♀ 225-250 mm, Schlüpflinge 25-32+50-52 mm (KRL+SL). Der durchgehende Rückenkamm wird aus hohen lanzenförmigen Schuppen gebildet, die zum Schwanz hin geradlinig an Höhe verlieren. Die Färbung adulter ♂♂ variiert nach Population und Erregungszustand; entweder schwärzlich, schmutzig gelblich, umbrafarben oder grünlich mit dunklem Netzmuster. Beim Kehlsack dominiert entweder dunkelblau bis lila oder ebenso wie bei ♀♀ dunkelblau mit rosa Flecken. Den Rücken der ♀♀ überziehen bräunliche oder rötliche Töne, die gelbe Punkte oder kurze gelbe Querriegel enthalten können. Juvenile zeigen je nach Population unscheinbare bräunlichgraue oder intensiv rötliche Nuancen mit gelben Punkten. Die Augen sind blau (ad. ♂♂) oder braun (Juv. u. ♀♀) gefärbt.

Lebensraum und Verhalten: *Gonocephalus bellii* lebt an dicken Baumstämmen in der Nachbarschaft von Fließgewässern. Bei

Weibchen von Gonocephalus bellii.

Störungen flieht die Agame stammaufwärts, wo Beobachtungen kaum noch möglich sind.

Fortpflanzung: Bei einer Kopf-Rumpf-Länge von etwa 90-100 mm sind die Agamen geschlechtsreif. Die Iris der ♂♂ verfärbt sich dann von braun über graublau in ein helleres Blau. Das ♂ umwirbt das ♀ mit dunkelblauem aufgestellten Kehlsack, dem üblichen Kopfnicken und einem merkwürdigen Seitwärtsdrehen des Kopfes. Dabei wird der Kopf mit zwei- bis dreimaliger Unterbrechung ruckartig zur Seite gedreht, was den Eindruck vermittelt, daß der Kopf in den Zwischenstellungen regelrecht „einrastet".

In Abständen von 2-3 Monaten vergräbt das ♀ jeweils 3-5 Eier (11-11,5 x 18-20,5 mm). Bei ∅ 20,5 °C beträgt die Zeitigungsdauer 7 Monate, bei ∅ 23-25 °C nur 136 Tage. Kurz vor dem Schlupf sind die Eier 17-17,8 x 28,9-29,5 mm groß.

Besonderheiten: Meist benötigen Wildfänge nur eine kurze Eingewöhnungszeit, in der sie zurückgezogen leben und manchmal schlecht fressen. Längere Zeit im Terrarium gehaltene Tiere zeigen keine Scheu und sind oft die ersten am Futter. Eine Vergesellschaftung mit anderen gleichgroßen Winkelkopfagamen (außer *Gonocephalus grandis*) oder Nackenstachlern ist unproblematisch.

Verbreitung: 0-1000 m, Halbinsel Thailand/Malaysia und Insel Pinang.

Lit.: MANTHEY & DENZER 1992 b.

Gonocephalus chamaeleontinus

(LAURENTI, 1768)

Gonocephalus chamaeleontinus-Jungtier.

Zu den bizarr aussehenden Agamen zählt Gonocephalus chamaeleontinus.

Beschreibung: KRL ♂ 115-170, ♀ 115-150, SL ♂ 190-280, ♀ 170-240 mm, die Java-Population bleibt kleiner; Schlüpflinge 30-34+36-46 mm (KRL+SL). Charakteristisch ist der kurze massige Kopf mit dem hoch aufsteigenden, kantigen Augenbrauenbogen, der spitzwinklig endet und nach dem die Gattung benannt wurde. Die dreieckigen bis lanzenförmigen Rückenkammschuppen stehen im Nackenbereich auf einem gebogenen Hautsegel. Auf den Flanken vermischen sich häufig größere, tuberkelartige Schuppen mit kleinen, granulierten. Die Ventralia sind absolut glatt. Auf der Rückenseite dominiert gewöhnlich Grün in verschiedenen Nuancen, das von gelben Punkten, Linien und kurzen Querbändern sowie einem dunklen Netzmuster unterbrochen sein kann. Blaue Streifen dekorieren den großen Kehlsack. Trotz der stärker ausgeprägten Schwanzwurzel der ♂♂ ist die Geschlechtsbestimmung nicht leicht.

Von Sumatra sind auch braune Exemplare ohne jegliche Grüntöne beschrieben worden. Älter ♀♀ von dieser Insel zeichnen sich durch sehr hohe Nackenkammschuppen aus.

Lebensraum und Verhalten: Nach Beobachtungen auf Sumatra und Tioman sitzen die Agamen sowohl an senkrechten Baumstämmen mittleren Umfanges wie auch auf schrägen Ästen oder Lianen. Ein Bachlauf war stets nicht weiter als 100 m entfernt. Die Aktivitätszeit beschränkt sich überwiegend auf die frühen Morgen- und späten Nachmittagsstunden.

Fortpflanzung: Die Geschlechtsreife wird nach ca. 3 Jahren erreicht. Im Verlauf eines Jahres erfolgen 4 Eiablagen im Abstand von 2-4,5 Monaten. Die Gelegegröße beträgt 3-5 Eier (12-13x21-24 mm), die eine Inkubationszeit von 81-97 Tagen (23-25 °C) bzw. 134 Tagen (19-25 °C) benötigen. Kurz vor dem Schlupf haben die Eier eine Größe von 18-19x28-33 mm.

Besonderheiten: Adulte *Gonocephalus chamaeleontinus* sind sehr ruhige und friedliche Winkelkopfagamen. Dies gilt auch für Juvenile und Semiadulte außerhalb der Fütterungszeiten. Sie fressen neben Insekten auch Regenwürmer und nestjunge Mäuse. Wenn die Tiere gleichzeitig in ein Terrarium gesetzt werden, können 2 ♂♂ mit 2 ♀♀ zusammen gepflegt werden. Bei der Aufzucht von Jungtieren ist zu beachten, daß sie nicht mit Larven der Wachsmotte angefüttert werden, da sie sonst keine andere Nahrung mehr annehmen (Ausnahme: geflügelte Ameisen). Besser ist es, sie zunächst an Grillen oder Regenwürmer zu gewöhnen, auch wenn sie dadurch mitunter etwas später selbständig fressen.

Verbreitung: Pulau Tioman, West-Malaysia; Sumatra und einige vorgelagerte Inseln; Natuna Inseln; Java bis ca. 1500 m.

Lit.: MANTHEY & DENZER 1992 c.

Kurzdarstellung

Gonocephalus borneensis (SCHLEGEL, 1848)
KRL ♂ 118-136, ♀ 90-130, SL ♂ 261-310, ♀ 215-275 mm. Kamm ♂♂ aus hohen engstehenden, lanzenförmigen Schuppen, ohne Unterbrechung bis zur Schwanzwurzel. ♀♀ mit deutlich höherem Nacken- als Rückenkamm. Höhe nimmt auf vorderer Körperhälfte stark ab, auf hinterem Teil nur noch niedrige dreieckige Schuppen. Semiadulte ♂♂ mit brauner oder grüner Färbung und dunklem Netzmuster; Kehlsack beider Geschlechter hell, mit dunklen unterbrochenen Streifen; ♀ ähnlich gefärbt wie *Gonocephalus bellii* ♀ oder grün mit dunklem Netzwerk. In Nähe von Fließgewässern an dicken Baumstämmen oder Lianen, flieht auch zu Bodenverstecken, nicht standorttreu. Alle 3 Monate 4 Eier, 22 mm lang. - Borneo. **Lit.:** MANTHEY & DENZER 1982, 1992 b.

Gonocephalus doriae doriae PETERS, 1871
KRL ♂ 115-132, ♀ 100-125, SL ♂ 177-189, ♀ 134-178 mm. Gesamter Habitus erinnert an *Gonocephalus chamaeleontinus,* Nackenkammschuppen aber nicht einzeln, hoch und lanzenförmig, sondern überlappend, niedrig und leicht sichelförmig. Dorsalia mit oder ohne eingestreute größere Schuppen. Hemipenistaschen schwach ausgeprägt. ♂ rot mit dunklen und hellen Flecken oder grünlich bis oliv. Juvenile und ♀ häufig fast einfarbig grün. Im Terrarium sehr friedlich. - Flachlandregenwald. *Gonocephalus doriae abbotti* - Halbinsel Thailand/Malaysia. (KRL ♂ 130-160, ♀ 130-140, SL ♂ bis 220, ♀ bis 205 mm). *Gonocephalus doriae doriae* - Borneo. **Lit.:** MANTHEY & DENZER 1992 c.

Gonocephalus grandis (GRAY, 1845)
KRL ♂ 134-160, ♀ 115-137, SL ♂ 345-427, ♀ 305-365 mm, Schlüpflinge 32-35+48-65 mm (KRL+SL). ♂ mit hohen, lanzenförmigen Schuppen auf bogenförmigem Nackensegel, separater Rückenkamm aus gleichartigen Schuppen; ♀ nur mit hautlappenartigem Nackenkamm. Rücken ♂ verschiedene Grüntöne bis fast schwarz, Flanken blau mit gelben Punkten, Kehlsack gelb bis rot mit blauen Streifen. Rücken ♀ bräunlich, grünlich, anthrazit oder fast schwarz, mit hellen, v-förmigen Querbändern. Flankenfärbung ähnlich der ♂♂; Juvenile wie ♀ gefärbt, aber helle Flanken mit dunklem Netzwerk. Auf Bäumen und Büschen unmittelbar an Fließgewässern; Jungtiere und ♀♀ häufig am und im Wasser. Geschlechtsreif nach ca. 20 Monaten; in Abständen von 1-3 Monaten 1-6 Eier (10-11x21-26 mm); Zeitigungsdauer 75-90 Tage. Keine Vergesellschaftung mit anderen Echsen, sehr aggressiv und beißfreudig. - Halbinsel Thailand/Malaysia, Inseln Pinang und Tioman; Borneo; Sumatra und vorgelagerte Inseln. **Lit.:** MANTHEY & DENZER 1991 c.

Gonocephalus kuhlii (SCHLEGEL, 1848)
♂♀ KRL 70-100, SL 155-185 mm, Schlüpflinge 30+46 mm (KRL+SL). Ähnlich wie *Gonocephalus chamaeleontinus,* aber Nackenkamm niedriger, kleine Dorsalia stets mit zahlreichen größeren, tuberkelartigen Schuppen vermischt, Ventralia gewölbt, ♂ mit stark ausgeprägten Hemipenistaschen. Färbung variabel, überwiegend grün, häufig mit weißlichen Flecken am Kopf

Gonocephalus borneensis-Weibchen.

Weibchen von Gonocephalus grandis.

Ein eindrucksvolles Nackensegel zeigt das Männchen von Gonocephalus grandis.

Erstmals abgebildet: G. doriae.

Gonocephalus robinsonii.

Adulte Gonocephalus liogaster zeigen auffällig blaue Augen.

und gleichfarbigem, in Form und Größe unterschiedlichem Band auf Schulterregion. Teilweise auf Rücken gelbe oder rote Querbänder. 4 Eier (12-14x21-22 mm) im Januar. Häufiger in höheren Lagen bis ca. 1600 m als im Flachland. - Sumatra und Java. **Lit.:** MANTHEY & DENZER 1992 c.

Gonocephalus lacunosus MANTHEY & DENZER, 1991
KRL ♂ 125-145, ♀ 125-138, SL ♂ 220-270, ♀ 200-210 mm. ♂ mit Rückenkamm aus lanzenförmigen, leicht nach hinten gerichteten Schuppen, kontaktieren nicht an der Basis, abgesetzt vom Nackenkamm. ♀ mit ähnlichem Nackenkamm wie ♂, Rückenkamm aus niedrigen dreieckigen Schupen, stehen in deutlichem Abstand zueinander. Kräftiger Habitus; Schwanz extrem seitlich abgeflacht. ♂♂ schmutziggrün bis dunkelgrau, vergrößerte Schuppen der Flanken grünlich oder gelblich; Kopf und Kehlsack teilweise mit türkisfarbenem Muster. ♀♀ dunkelgrün, dunkelgrau, manchmal mit braunroten Querbändern, Kehlsack und Kopf teilweise mit türkis vermischt. Bergwälder oberhalb 1000 m, in Bachnähe an dünnen Bäumen oder am Boden; versteckt sich in Höhlen. Im Nebelwaldterrarium sehr ruhig, scheu und zurückgezogen. 7-8 Eier. - Nordsumatra.

Gonocephalus liogaster (GÜNTHER, 1872)
KRL ♂ 120-140, ♀ 95-120, SL ♂ 290-320, ♀ 220-260 mm, Schlüpflinge 32-53 mm. ♂♂ mit durchgehendem Nacken- und Rückenkamm aus hohen lanzenförmigen Schuppen, verliert zum Schwanz hin kontinuierlich an Höhe, endet auf Schwanzwurzel. Kammsegel ♀♀ bedeutend niedriger, im

Gonocephalus lacunosus-Weibchen.

Gonocephalus lacunosus-Männchen.

Nacken am höchsten, auf Rücken meist nur niedrige sägeartige Schuppen. Farbe ♂♂ bräunlich, grünlich oder rötlich mit oder ohne dunklem Netzmuster. Äußerer Rand der Augenlider orangerot, leuchtend blaue Augen; blaßorange bis rötlicher Kehlsack mit dunklen Linien. ♀♀ mit ähnlichen Farben, aber in anderen Nuancen; Rücken oft mit kurzen gelben Querriegeln und Seiten mit dunklem Netzwerk. Kehlsack hell mit dunklen Längslinien; Augen blau; Jungtiere gleiche Färbung wie adulte ♀♀, aber Augen braun; Schlüpflinge leuchtend grün mit rötlichbraunen Querbändern auf Kopf, Rücken, Gliedmaßen und Schwanz. 3 Eier (11x23 mm), bei 20-24 °C Inkubationszeit 97 Tage. An Baumstämmen in Wassernähe oder etwas weiter davon entfernt. - Halbinsel Malaysia; Borneo; Sumatra; Natuna Inseln. **Lit.:** MANTHEY & DENZER 1992 b.

Gonocephalus robinsonii (BOULENGER, 1908)
KRL ♂ 115-152, ♀ 115-132, SL ♂ 285-320, ♀ 290-300 mm. Geschlechter schwer zu unterscheiden (♂ dickere Schwanzwurzel). ♂ und ♀ mit durchgehendem Rückenkamm aus dreieckigen, leicht nach hinten gerichteten Schuppen, Höhe nimmt gleichmäßig zum Schwanz hin ab. Großer, für Gattung untypischer Kehlsack, reicht bis zur Brust. Beide Geschlechter grünlicholiv, teilweise mit dunkler, schräger Querbänderung. Juvenile, mit intensivem Farbwechsel, helloliv, grün oder leicht bräunlich mit dunklen Querbändern; kontrastreiche Kopfzeichnung, Extremitäten und Schwanz quergebändert. 5-8 Eier (10x22 mm). Bergwälder nicht unter 1000 m, in Fließgewässernähe an dünnen Bäumen, auch auf Farnen am Wegesrand; Nebelwaldterrarium. - Halbinsel Malaysia (Prov. Selangor und Pahang). **Lit.:** MANTHEY & DENZER 1992 a.

Harpesaurus BOULENGER, 1885
4 Arten

Merkmale: Ähnlich wie die Hornagamen Sri Lankas sind auch die in der Gattung *Harpesaurus* zusammengefaßten Arten mit hornähnlichen Schnauzenfortsätzen ausgestattet. Sie unterscheiden sich von den erstgenannten durch sichtbare Trommelfelle und homogene, schindelartige Dorsalia. Kehlsäcke sind nicht bei allen Arten vorhanden.

Lebensweise: Die wohl überwiegend arboricolen Agamen scheinen ähnliche Lebensräume wie die Arten der Gattung *Ceratophora* zu bevorzugen. Die wenigen Fundorte lassen darauf schließen, daß sie Bergregenwälder bewohnen.

Haltung: Die Agamen sollten zunächst in größeren Nebelwaldterrarien gepflegt werden, um die bevorzugten Temperaturbereiche festzustellen. Notfalls ist das Terrarium etwas anders zu temperieren. Als Nahrung Insekten und Würmer anbieten.

Verbreitung: Insel Nias, Sumatra und Java.

Harpesaurus beccarii
Doria, 1888

Beschreibung: KRL 65-86, SL 140-164 mm. Ein gegabeltes Horn (8-10 mm) auf der Schnauzenspitze zeichnet ♂♂ und ♀♀ aus. Nacken-, Rücken- sowie Schwanzkamm (auf 1. Drittel) stehen bei ♂♂ deutlich voneinander getrennt, bei ♀♀ verlaufen sie durchgehend. Die Rückenseite der ♂♂ wird von einem leuchtenden Grün beherrscht, das einen bläulichen Schimmer zeigt oder zu Oliv tendieren kann. Kopfseiten, Schulter sowie die Vorderseite der Oberarme zeigen kurze weiße Bänder.

Besonderheiten: Im Terrarium bewegte sich ein ♂ bei Zimmertemperatur ähnlich langsam wie ein Chamäleon. Es hielt sich überwiegend an dünnen Ästen auf und ernährte sich von kriechenden und fliegenden Insekten.

Verbreitung: ca. 1500 m, West-Sumatra

Lit.: BÖHME 1989, MANTHEY 1990.

Chamäleonähnlich bewegt sich Harpesaurus becarii.

Kurzdarstellung

Harpesaurus modigliani Vinciguerra, 1933
KRL 83, SL 139 mm, 1 Horn 6 mm lang; Nackenkamm höher und abgesetzt vom Rückenkamm, durchgehend bis Hälfte Schwanz, aus dreieckigen Schuppen; Kehlsack vorhanden. Blau und Grün mit dunklen Zonen am Nacken und auf vorderem Teil der Flanken. - Ca. 1200 m, Wald Si-Rambe, Nord-Sumatra.

Harpesaurus tricinctus (A. DUMÉRIL, 1851)
KRL 64, SL 83 mm, 1 Horn 21 mm lang; Kamm aus dreieckigen Schuppen vom Nacken bis Schwanzende ohne Unterbrechung. Dunkel gefärbt mit 3 auffällig breiten hellen Querbändern. - Java.

Hydrosaurus KAUP, 1827
Segelechsen - 2-4 Arten

Merkmale: Segelechsen gehören mit einer Gesamtlänge von über 1 m, wovon etwa ⅔ auf den Schwanz entfallen, zu den Riesen unter den Agamen. Sie besitzen kräftige Gliedmaßen mit lappenartigen Hautsäumen an den Fingern und Zehen sowie einen seitlich stark abgeflachten Schwanz. Vorhanden sind sichtbare Trommelfelle, ein Schnauzenkamm, Nacken- und Rückenkämme wie auch Femoralporen. Die Körperoberseite bedecken gekielte dachziegelartige Schuppen, mit denen sich größere runde vermischen. Adulte ♂♂ tragen auf dem Schwanz ein höheres Hautsegel als ♀♀. Die Geschlechter der Jungtiere sind äußerlich nicht zu unterscheiden.

Bemerkung: Der taxonomische Status der einzelnen Arten ist umstritten, und eine klare Abgrenzung ist auch VISSER (1984) nicht gelungen. Einige Segelechsen von den Philippinen (*Hydrosaurus pustulatus*) weisen oberhalb des Tympanums vergrößerte Schuppen auf, die durch noch größere, konische Schuppen in einer Reihe fortgesetzt werden. Die Agame (Typusexemplar), nach der *Hydrosaurus amboinensis* von der Insel Ambon beschrieben wurde, ist mit einer gleichartigen Reihe ausgestattet. Dagegen zeigen einige untersuchte Exemplare von Neuguinea zwei solcher Reihen. Diese Populationen werden aber ebenfalls zu *Hydrosaurus amboinensis* gestellt.

Hydrosaurus amboinensis.

KRASULA (1988) bildet ein geschlechtsreifes *Hydrosaurus pustulatus* ♂ mit roten Augen ab, während auf einem Foto, das nachweislich von einem adulten philippinischen ♂ gemacht wurde, blaue Augen zu erkennen sind.

Die unterschiedlichen Längenangaben und die sonstige Ausprägung des Caudalkammes scheinen mehr altersabhängig und individuell unterschiedlich, als artspezifisch zu sein. Ebenso verhält es sich mit dem Schnauzenkamm und den vergrößerten Schuppen auf den Flanken.

Lebensweise: Segelechsen leben ausschließlich in dichtbewachsenen Uferzonen der verschiedensten Gewässer, die auch in der Trockenzeit genügend Wasser zum Abtauchen führen. Dort liegen sie stundenlang unbeweglich mit schlaff herabhängenden Beinen auf ausladenden Ästen. Bis zu einer Fluchtdistanz von 2-3 m verlassen sie sich auf ihre Tarnung. Werden die Echsen jedoch durch eine hastige Bewegung erschreckt, stürzen sie sich ins Wasser, schwimmen einige Meter und verschwinden dann im Gewirr der Ufervegetation. Sehr junge Segelechsen wurden bisher nur auf dem Boden beobachtet. Unter Steinen, herabgefallenem Laub sowie zwischen Wurzeln finden sie schnell Versteckplätze, die sie bei der geringsten Gefahr aufsuchen. Das aus einigen Bäumen und Büschen bestehende Revier wird von einem ♂, mehreren ♀♀ und den Jungtieren bevölkert. Dabei zeigen sie eine große Ortstreue. Freilebende Tiere ernähren sich fast ausschließlich von Pflanzen und süßem Obst, Juvenile mehr von Körnern. Die Eier werden im warmen Ufersand 20-30 cm tief vergraben.

Haltung: Die Pflege der größten Vertreter der Agamiden ist problematisch und sehr zeitaufwendig. Erforderlich sind unbepflanzte Regenwaldterrarien (H $\geqq$ 200, B $\geqq$ 200, T $\geqq$ 130 cm) mit einem 50-80 cm tiefen Wasserteil, das etwa die Hälfte des Grundrisses einnimmt. Als Bodensubstrat hat sich feiner Siebkies (Bauhandel) bewährt, der durch ein Heizkabel erwärmt wird.

Segelechsen bei der Fütterung.

Jede Segelechse beansprucht mindestens einen schrägen Kletterast für sich allein. Wildfänge benötigen in der Eingewöhnungszeit viel Ruhe und verweigern nicht selten die Nahrung. Hastige Bewegungen sind auf jeden Fall zu vermeiden, notfalls hilft ein Sichtschutz. Eine Zwangsfütterung versetzt die Agamen in eine Streßsituation, die oft tödlich endet. Mittelgroße Tiere von 50-70 cm GL gewöhnen sich besser an das Terrarienleben als die wesentlich streßanfälligeren Jungtiere.

Obwohl eingewöhnte Segelechsen neben pflanzlicher Kost auch Fisch, Küken, Mäuse und Insekten fressen, darf nicht übersehen werden, daß sie sich in der Natur fast ausschließlich vegetarisch er-

nähren. Bevorzugt werden auffällig gefärbte Früchte (gelb, orange, rot), aber auch Salat, junge Feigen-, Maulbeer- und Weidenblätter. Segelechsen müssen täglich 4-6 mal gefüttert und mindestens in wöchentlichen Abständen mit Kalk- und Vitaminpräparaten versorgt werden. Bewährt hat sich die Zugabe von 8 Tropfen Multi-Bio-Weyxin pro Monat.
Wer Segelechsen trotz aller Probleme halten und nachzüchten möchte, muß darauf achten, daß die Agamen aus dem gleichen Gebiet stammen. Nur so kann vermieden werden, daß die Gruppe aus verschiedenen Arten besteht.
Lit.: GAULKE 1989, KOPSTEIN, KRASULA 1988, VISSER 1984.
Verbreitung: Indo-Australischer Archipel einschließlich der Philippinen und Neuguinea.

Hydrosaurus amboinensis
(SCHLOSSER, 1768)

Beschreibung: Wegen der schwierigen Artenabgrenzungen und offener taxonomischer Fragen wird auf eine Beschreibung der einzelnen Arten verzichtet.
Fortpflanzung: Pro Jahr werden 4-6 Gelege mit jeweils 3-9 Eiern abgelegt, deren Abmessungen 18,5-27,1x38-46 mm betragen. Bei 30 °C benötigen sie 60-73 Tage zur Entwicklung. Während der Inkubationszeit erreichen sie eine Größe von 44x63 mm.
Verbreitung: Indo-Australischer Archipel einschließlich Neuguinea.

Hydrosaurus pustulatus
(ESCHSCHOLTZ, 1829)

Fortpflanzung: ♀♀ legen 2-5 mal pro Jahr 4-10 Eier ab, die eine Größe von 15x25 mm aufweisen. Während der ca. 70tägigen Zeitigung bei 28,5-31 °C wachsen sie auf 38x68 mm heran. Frisch geschlüpfte Jungtiere haben eine Gesamtlänge von 210-240 mm.
Verbreitung: Philippinen.

Halbwüchsige Hydrosaurus pustulatus, die noch nicht das ausgeprägte Aussehen der Adulti besitzt.

Porträt eines prächtigen Männchens von Hydrosaurus pustulatus. Die großen Agamen leben auf den Philippinen an Gewässern.

Hylagama MERTENS, 1924
Monotypische Gattung

Merkmale: Zur Gattung *Harpesaurus* sind keine äußerlichen Unterschiede erkennbar.
Lebensweise: Die Fundorte deuten darauf hin, daß die Agame ein Regenwaldbewohner des Flachlandes ist. Mit großer Wahrscheinlichkeit hält sich *Hylagama borneensis* auf Bäumen und Sträuchern auf.
Haltung: Ein bepflanztes Regenwaldterrarium dürfte für die Pflege geeignet sein. Sehr wahrscheinlich ernährt sich *Hylagama* von Insekten, aber es sollten auch Würmer angeboten werden.
Verbreitung: Borneo.

Hylagama borneensis
MERTENS, 1924

Beschreibung: KRL ♂ 52, ♀ 55-59; SL ♂ 97, ♀ 87-93 mm. Kleine dreieckige Schuppen, die zueinander im Abstand von einer Dorsalschuppe stehen, bilden den Nacken- und Rückenkamm beider Geschlechter. Der Kamm auf dem Rücken der ♂♂ setzt sich auf dem Schwanz fort; bei ♀♀ ist er niedriger und endet vor dem Schwanz. Auf der Schnauzenspitze der ♂♂ sitzt ein zylindrisches, 7 mm langes Horn. An gleicher Stelle befindet sich bei den ♀♀ nur ein etwa 1,5 mm hoher Höcker. Die Rückenseite der ♀♀ ist auf olivgrünem Grund schwarz gesprenkelt. Orangefarbene schräge Querbänder zieren die Seiten, und große braune Flecken bedecken die Rückenmitte vom Nacken bis zu den Lenden. Vom Dunkelgrau der Kehle und des Kehlsackes heben sich die Lippenschilder pinkorange ab. Der Bauch ist weißlich getönt.
Fortpflanzung: Zwei Eier, etwa 10 mm lang.
Fundorte: Zentral- oder West-Kalimantan (wahrscheinlich am Kapuas Fluß); bei Niah und Nanga Tekalit, Kapit Distrikt, am Mengiong Fluß, beide Fundorte Sarawak.
Lit.: KING 1978.

Hypsilurus PETERS 1867
Neuguineisch-australische Winkelkopfagamen, 13 Arten

Merkmale: *Hypsilurus* läßt sich äußerlich nicht von *Gonocephalus* unterscheiden. Alle Arten besitzen Nacken- und Rückenkämme, sichtbare Trommelfelle und stark gekielte Ventralschuppen.

Hypsilurus dilophus pflegen wir in einem Regenwaldterrarium.

Lebensweise: Soweit bekannt, haben sie ähnliche Lebensräume wie die Echten Winkelkopfagamen erobert und leben an Regenwaldbäumen des Flach- und Berglandes.
Haltung: siehe Gattung *Gonocephalus.*
Verbreitung: Neuguinea und vorgelagerte Inseln; Mikronesien; Melanesien; Australien.

Hypsilurus spinipes
(A. DUMÉRIL, 1851)

Beschreibung: KRL ♂ 105-113, ♀ 103-110, SL ♂ 220-250, ♀ 215-220 mm, Schlüpflinge 33-34 + 50-52 (KRL + SL). Auf dem hautlappenartigen, bogenförmigen Nackensegel stehen dreieckige Kammschuppen. Der abgesetzte Rückenkamm zeigt gleichartige Schuppen und läuft auf dem

Weibchen von Hypsilurus spinipes.

Schwanz aus. Zwischen den kleinen Dorsalia sind zahlreiche größere Schuppen verstreut. Beide Geschlechter haben eine unscheinbare helle bräunlichgraue Grundfärbung mit undeutlichem dunklen Muster. Strahlenförmige dunkle Streifen oberhalb des Auges sowie senkrechte dunkle Binden an den Lippen zeichnen nur ♀♀ und Jungtiere aus.

Lebensraum und Verhalten: *Hypsilurus spinipes* bewohnt Regen- und andere Feuchtwälder, in denen ♂♂ 300-700 m^2 große Reviere bilden. Zwischen den angrenzenden Territorien der einzelnen ♂♂ befinden sich Korridore von 1-6 m Breite, die sie gewöhnlich meiden. Durch Feldversuche wurde bewiesen, daß männliche Eindringlinge durch Bisse und Verfolgung vertrieben werden. Auch ♀♀ scheinen Reviere abzugrenzen. Der Bewegungsdrang ist recht unterschiedlich. An einigen Tagen legen ♂♂ laufend oder kletternd nur 2-3 m zurück, an anderen Tagen dagegen bis zu 80 m. Der größere Anteil der Fortbewegung findet dabei auf dem Boden statt (58-74%). Kletterpflanzen und junge Bäume von 2-6 cm ∅ sind bevorzugte Aufenthaltsorte der Agamen. Ihre Körpertemperatur beträgt meist etwas mehr als die der Umgebung. Die Aktivitätsphase liegt in einem Temperaturbereich von 15,5-25,1 °C. In der Dämmerung suchen sie Schlafplätze in 1-8 m Höhe auf.

Fortpflanzung: In der Paarungszeit sind die ♂♂ recht aggressiv zueinander. Zwischen Oktober und Januar begeben sich ♀♀ beim ersten kräftigen Regenschauer nach einer längeren Trockenperiode auf die Suche nach einem geeigneten Eiablageplatz, der nachmittags von der Sone beschienen wird. Da solche Stellen in dichten Wäldern selten sind, werden sie mitunter von mehreren ♀♀ aufgesucht. Dabei graben sie probeweise mehrere flache, dreieckige Mulden. In mehreren Etappen wird das Gelege entweder in eine Mulde abgelegt und spärlich mit Erdreich bedeckt oder auf einer Laubschicht deponiert. (Dieses Verhalten wurde im Feld beobachtet, jedoch ist das ♀ durch verschiedene Umstände gestört worden).

Die 2-7 Eier (13x22 mm) pro Gelege entwickeln sich innerhalb von 74 Tagen bei ∅ 17,5-19,2 °C. Die Embryos benötigen etwa 6 Stunden, um sich aus dem Ei zu befreien. Alle 2 Stunden trennen sie 10-15 Minuten lang ein wenig die Eihaut auf. Nach dem Schlupf liegen die Jungtiere mit starrem Körper und geschlossenen Augen neben dem Ei und stellen sich tot. Diese Stellung behalten sie auch bei, wenn sie angefaßt werden.

Verbreitung: 50-1110 m, isolierte Areale der Great Dividing Range an der Ostküste Australiens, zwischen Gympie im Norden und Gosford im Süden.

Lit.: MANNING & EHMANN 1991, MANNING 1991.

Kurzdarstellung

Hypsilurus dilophus (DUMÉRIL & BIBRON, 1837)
KRL ♂ 152-213, ♀ 165-188, SL ♂ 255-357, ♀ 255-320 mm. Auf Nackensegel hohe, breite lanzenförmige Kammschuppen; Rückenkamm aus ähnlichen Schuppen davon abgesetzt, bis Schwanzende reichend. Weiterer Kamm aus dreieckigen Schuppen auf Vorderkante des riesigen Kehlsackes. Kleinere Schuppen auf Oberseite überall mit größeren vermischt, auch auf Kehlsack. ♂♂ mit verdickter Schwanzwurzel. Färbung variabel, Körper grünlichschwarz bis gelblichbraun, Kopf mehr gelblich; ♂ mit roter Iris und gleichfarbigem Augenring. Stark an Gewässer gebunden; 2 Eier; Regenwaldterrarium. - Aru- und Kai-Insel; Batana; Neuguinea; Ferguson Insel sowie D'Entrecasteaux-Inseln.

Hypsilurus godeffroyi PETERS, 1867
KRL ♂ 114-160, ♀ 90-120, SL ♂ 323-547, ♀ 275-440 mm. Vom Hinterkopf bis erstes Schwanzdrittel durchgehender Dorsalkamm aus lanzenförmigen bis dreieckigen Schuppen, stehen am Nacken und Rücken auf Hautleiste. Alle Körperschuppen gekielt, Dorsalia kleiner als Ventralia. Beide Geschlechter mit Kehlsack. ♂♂ graugrün bis graubraun, hinteres Körperdrittel und Schwanzanfang oft malvenfarbig; Kehlsack cremefarben bis hell oder dunkelgrau, häufig mit gelben, orangen und schwarzen runden Flecken. ♀♀ Rücken uniform grün, Seiten teilweise schwarz gesprenkelt, Bauch gelb oder gelbgrün. Juvenile und ♀♀ grün, aber ♂♂ mit dunklen Querbändern. Regenwaldbewohner, an Stämmen und auf Ästen; Insektenfresser, selten kleine Echsen, Früchte und Pflanzen. 2-3 Eier, Zeitigung 6-8 Wochen. - Neuguinea, Caroline und Salomon Inseln.
Lit.: McCOY 1980.

Japalura GRAY, 1853
Bergagamen - 24 Arten und mind. 3 Unterarten

Merkmale: Die überwiegend kleinen Agamen zeigen wenige gattungskennzeichnende Gemeinsamkeiten. Das Taxon scheint revisionsbedürftig zu sein. Die Arten sind schwer auseinanderzuhalten.

Der Körper ist mehr oder weniger seitlich abgeflacht und auf der Oberseite mit ungleich großen, unregelmäßig angeordneten Schuppen versehen. Einige Arten besitzen Nacken- und Rückenkämme sowie Kehlsäcke, andere nicht. Das Tympanum ist sichtbar oder verborgen.

Lebensweise: Über die Lebensweise der einzelnen Arten ist kaum etwas bekannt. Einige Species scheinen ausschließlich terrestrisch in Gras- oder Felslandschaften zu leben, während andere als mehr oder weniger arboricol gelten.

Haltung: Allgemeine Angaben sind unmöglich. Es kann davon ausgegangen werden, daß alle Arten Insekten fressen. Vielleicht haben sich einige auch auf Ameisen spezialisiert. Die kleinen Agamen kommen meist aus Bergregionen, in denen die Temperatur nachts stark absinkt.

Verbreitung: bis ca. 3000 m; Himalaya Region; Birma; Nord-Thailand?; Kambodscha; Laos?; Vietnam; südliches China; Taiwan (Hauptinsel sowie Lanyu- und Lutao Inseln); Japan (Ryukyu Inseln).

Lit.: SMITH 1935, OTA 1991.

Nur wenig bekannt: Japalura splendia.

Kurzdarstellung

Japalura major (JERDON, 1870)
♂ KRL 85, SL 155 mm, ♀♀ kleiner. Körper leicht seitlich abgeflacht. Nacken- und Rückenkamm aus sehr kleinen dreieckigen Schuppen, durchgehend bis auf Schwanz. Hinterkopf mit in Anordnung und Anzahl variablen Stachelschuppen. Dorsalia in Form und Größe unterschiedlich; große, gekielte, dachziegelartige Schuppen häufig in Längsreihen. Oberseite oliv bis grün mit v-förmiger Rückenzeichnung. - Bodenbewohner, sehr träge, auf Felsen oder im Gras; ♀ im Juni trächtig, 10 Eier (8-8,5x13-14,5 mm). - Bis 2500 m, West-Himalaya. **Lit.:** JAMDAR, 1985.

Japalura polygonata polygonata HALLOWELL, 1861
KRL ♂ 75, ♀ 65, SL ♂ 150, ♀ 130 mm. Kleiner Nackenkamm vorhanden, Rückenkamm nur durch flache, gleichartige Schuppen angedeutet. Kleine Stacheln am Ende des Augenbrauenbogens, oberhalb und hinter Tympanum. Kleine Dorsalie mit zahlreichen größeren Schuppen vermischt. ♂♂ grün mit schrägem hellen Streifen vom Tympanum bis zum Bauch kurz vor Hinterbeinen; ♀♀ dunkelgrün mit 5 braunen Querbändern. Auf Bäumen und am Boden, Waldbewohner und Kulturfolger; Regenwaldterrarium (H ≧ 100, B ≧ 80, T ≧ 50 cm), Insektenfresser (gerne Wachsmotten), problemlos, 1-4 Eier im Sommer. - Amami und Okinawa Inseln. **Lit.:** SENGOKU 1979, STEJNEGER 1907.
Japalura polygonata ishigakiensis - Japan (Miyako und Yaeyama Inseln); *Japalura polygonata xanthostoma* - Flachland Nord-Taiwan.

Japalura splendia BARBOUR & DUNN, 1919
KRL ♂ 80-92, ♀ 72; SL ♂ 185-217, ♀ 176 mm; Rumpf dorsolateral, Kopf dorsoventral abgeflacht (länger und breiter bei ♂), Tympanum verborgen, kleiner Kehlsack; je eine Tuberkelschuppe beidseitig am Hinterkopf. Dorsalia klein, dachziegelartig, gekielt, vermischt mit gleichartigen größeren. Niedriger Nackenkamm aus dreieckigen Schuppen, Rückenkamm angedeutet; Schwanzwurzel verdickt und langgestreckt (♂, ♀). Kopf oben schwarz mit türkisen Markierungen oder Querbändern, Oberlippenschilder mit hellen und dunklen Flächen, darüber weißlicher Streifen von Schnauzenspitze bis Mundwinkel und schwarzes Band über Auge, setzt sich mit Unterbrechungen auf Flanken fort. Helle Dorsolateralbänder (gelb, grün oder oliv) von Hinterkopf bis Schwanz, dazwischen breites dunkles Vertebralband, mit türkisen Punkten oder Querstreifen. Extremitäten oft grün. Bauch helloliv, Kehlsackspitze grünlich. Gesamte Färbung auch schwarz. - Hochlandbewohner, lebt vermutlich auf Bäumen oder Felsen, Insektenfresser, wärmeliebend, ♀ scheuer als ♂, Trocken- bis Nebelwaldterrarium, wahrscheinlich Überwinterung notwendig. - 100 bis ca. 3000 m, Szechuan und Yunnan?, West-China.
Lit.: POPE 1935.

Laudakia GRAY,1845
Wirtelschwanzagamen - ca. 22 Arten und 11 Unterarten

Männchen von Laudakia adramitana in Prachtfärbung.

Merkmale: Die mittelgroßen Agamen besitzen einen dorsoventral abgeflachten Körper, oft mit seitlichen Hautfalten und einem Wirtelschwanz. Ein Rückenkamm fehlt. Ihr kehlsackloser flacher, dreieckiger Kopf zeigt ein großes Tympanum und eine Kehlfalte, die meist in die Schulterfalte übergeht. Gewöhnlich weisen ♂♂ verhärtete Bauch- und Praeanalschuppen auf.

Lebensweise: Felsbewohnende *Laudakia*-Arten flüchten bei Gefahr blitzschnell von ihrem Beobachtungsplatz in enge Felsspalten und verkeilen sich durch Aufblähen des Körpers. Baumbewohner verkriechen sich in Erdlöchern, unter hohler Rinde oder bewegen sich auf die rückwärtige Stammseite. Obwohl die Agamen z.T. eine hohe Fluchtdistanz einhalten, besiedeln einige sogar Hauswände und Legesteinmauern. Während manche Arten solitär leben, zeigen andere ein festes Sozialgefüge mit einem dominierenden ♂, mehreren ♀♀ und rangniederen ♂♂. *Laudakia*-Arten aus dem nördlichen Verbreitungsgebiet legen eine Winterruhe ein, während Tropenbewohner einen Trockenschlaf halten können. Sie ernähren sich von Insekten, kleineren Echsen und Pflanzen.

Haltung: Siehe *Agama*. Die Temperaturen sollten tagsüber 25-40 °C betragen, nachts ist eine deutliche Abkühlung notwendig. Für *Laudakia*-Arten bietet sich eine sommerliche Freilandhaltung an. Da sie jedoch auf langanhaltende Nässe, verbunden mit niedrigen Temperaturen, empfindlich reagieren, sind ein Regenschutz und ein Aufwärmplatz unbedingt erforderlich. Es hat sich bewährt, die Hälfte der Anlage ständig mit UV-durchlässigem Plexiglas® (Doppelstegplatten) abzudecken. Nördliche Populationen müssen eine Winterruhe einhalten. Wildfänge verlieren im Terrarium kaum ihre Scheu, während Jungtiere und Nachzuchten zutraulicher werden.

Verbreitung: Vom äußersten Südosten Europas über das südwestliche Asien bis Zentralasien und Mongolei. Teile der Arabischen Halbinsel über den Sinai zum nordöstlichen Afrika, Ost-Afrika bis südliches Afrika.

Laudakia adramitana

(ANDERSON, 1896) - Jemenagame

Beschreibung: KRL ♂ 148, ♀ 118; SL ♂ 222, ♀ 177 mm, Schlüpflinge 45 mm GL. Die Schwanzwirtel sind nur schwach ausgeprägt. Den Rücken bedecken kleine granulierte Schuppen, während auf den Beinen größere gekielte sitzen. Der gelbliche Grund wird von einem unregelmäßigen, breiten dunklen Netzwerk überzogen. Bei hohen Temperaturen und zur Paarungszeit zeigen sich ♂♂ in ihrer tiefblauen Prachtfärbung. Dabei hebt sich das schwefelgelbe Schwanzvorderteil kontrastreich ab. Bei ♀♀ färbt sich nur der Kopf blau.

Lebensraum: Die Bodenagamen bilden ihre Reviere in trockenen Felsgebieten.
Fortpflanzung: Nach den seltenen, kurzen Regenfällen vergraben ♀♀ 4-6 Eier im Boden. Nach 2-3 Monaten schlüpfen die im Terrarium anfangs etwas heiklen Jungtiere.
Besonderheiten: Eine ideale Zuchtgruppe besteht aus einem ♂ und 2 ♀♀; mehrere ♂ dürfen nicht zusammengesetzt werden. Obwohl *Laudakia adramitana* in ihrer Heimat keine längere Winterruhe einhält, wirkt sich eine vierwöchige Temperaturabsenkung und Lichtreduzierung für die Paarungsbereitschaft positiv aus.
Verbreitung: Arabische Halbinsel (Jemen).

Laudakia atricollis atricollis

(SMITH, 1849) - Blaukehlagame

Beschreibung: KRL ♂ 145, ♀ 141; SL ♂ 194, ♀ 175 mm, Schlüpflinge 55-60 mm GL. Die leicht gekielten Dorsalia vermischen sich mit kleinen cremefarbenen Stachelschuppen. ♂♂ tragen am breiten massigen Kopf auffällig starke Augen- und Backenwülste. Ihre Oberseite ist bräunlich oder leicht grünlich mit einem dunklen Schulterfleck. Bei Erregung färben sich Kopf, Kehle, Vorderbeine, Vorderkörper, Flanken und die Schwanzspitze leuchtend blau. Bei den ♀ verlaufen auf der mittelgrauen Oberseite längsseitig schwarzbraune rhombische Muster.
Lebensraum und Verhalten: Die Agamen leben in Baumsavannen und lichten Wäldern überwiegend an Bäumen, sind aber auch auf Steinhaufen zu finden.
Fortpflanzung: Zur Balz imponieren ♂♂ mit ihrer Prachtfärbung. Sie stellen den Schwanz senkrecht auf und vollführen mit der Spitze schlängelnde Bewegungen. Im März/April werden 3-8 Eier abgelegt, aus denen die Juvenilen nach 2-3 Monaten schlüpfen. Ihre Aufzucht ist nur in den ersten Tagen problematisch. Danach können sie zusammen mit den Eltern gepflegt werden, da die Art nicht zum Kannibalismus neigt.
Besonderheiten: Werden Wespen verfüttert, verlieren sie jegliche Scheu und jagen ihnen in Prachtfärbung hinterher.
Verbreitung: *Laudakia atricollis gregorii* - Küstenstreifen Kenia; *Laudakia atricollis kuwuensis* - Kongo; *Laudakia atricollis loveridgei* - Tansania; *Laudakia atricollis minuta* - Äthiopien, Kenia; *Laudakia atricollis ugandaensis* - Uganda, Tansania.

Laudakia caucasia

(EICHWALD, 1831) -
Ⓖ **BArtSchV** - Kaukasusagame

Beschreibung: ♂ KRL bis 150, SL bis 200 mm, ♀ geringfügig kleiner, Schlüpflinge 35-43 mm KRL. *Laudakia caucasia* besitzt einen relativ schmalen und flachen Kopf sowie einen dorsoventral stark abgeflachten Körper. Im Gegensatz zu *Laudakia stellio* trägt sie glatte Kehlschuppen und einheitliche Dorsalia auf dem zentralen Rückenteil. Die olivgraue bis sandfarbene, schwarzbraune oder rötliche Oberseite besitzt ein unregelmäßiges dunkles Netzwerk, das kleine helle Flecken einschließt. Zur Paarungszeit nehmen Kehle, Brust und Flanken der ♂♂ fast schwarze Töne an. Sie sind leicht zu erkennen an dem stets helleren Bauchfleck.

Lebensraum und Verhalten: Kaukasusagamen leben in gebirgigen Gegenden zwischen 300 und 3370 m Höhe auf trockenheißen Fels- und Geröllhängen mit spärlicher Vegetation. Bei Gefahr flüchten sie in Gesteinsspalten oder andere Hohlräume. Durch Aufblähen des Körpers verkeilen sie sich in ihrem Unterschlupf. Ein ♂ beansprucht zusammen mit 1-3 ♀♀ ein Revier. Von November bis März finden sich an besonders günstigen Plätzen zahlreiche Agamen ein, um dort gemeinsam zu überwintern. Die Nahrung besteht überwiegend aus Insekten und in geringem Maße aus Blättern, Blüten und Beeren.

Fortpflanzung: Nach der Paarung zwischen März und Juni legen ♀♀ ab Mai bis zu zweimal pro Jahr 4-14 Eier (∅ 13x23 mm). Bei Zeitigungstemperaturen von 28-34 °/25-26 °C (Tag/Nacht) erscheinen die Jungtiere nach 63-72 Tagen. Bei höheren Werten (34 °/28 °C) schlüpfen fast nur ♂♂. Die Aufzucht ist heikel.

Besonderheiten: Vor der Eiablage verhalten sich ♀♀ sehr aggressiv. Die geringe Anzahl geeigneter Ablagestellen in manchen Gebieten führt sogar zu Raufereien untereinander. Oft bewachen und verteidigen sie ihr Gelege. In menschlicher Obhut können Kaukasusagamen über 17 Jahre alt werden.

Verbreitung: Von Dagestan, Transkaukasien, das südliche Turkmenien über die nordöstliche Türkei nach Irak, Iran, Afghanistan und Pakistan.

Lit.: WEGNER 1990

Laudakia stellio Ⓖ BArtSchV
(LINNAEUS, 1758)

Laudakia stellio picea
(PARKER, 1935)

Beschreibung: ♂ KRL 148, SL 200 mm, Schlüpflinge 35 mm KRL. Die kleinen dachziegelförmigen Dorsalia werden von in Querreihen angeordneten größeren tuberkelartigen unterbrochen. Den sehr dunklen Rücken bedecken größere dunkelgelbe Flecken, die auf den Flanken nur noch als Punkte erscheinen. Der Schwanz ist gelb-schwarz gebändert. Im Gegensatz zur dunkelgrauen Unterseite der ♀♀ sind Bauch und Kehle der ♂♂ tiefschwarz. Bei letzteren färben sich die Arme in der Paarungszeit dunkelblau.

Lebensweise und Verhalten: Die Bodenagamen bewohnen Legesteinmauern und Felsen der Ebenen. Bei niedriger Populations-

dichte leben die Tiere oft paarweise zusammen, sonst bilden sie größere Gruppen.
Fortpflanzung: Paarungen erfolgen zwischen März und Anfang Juni. Ab Mai werden 3 Gelege (im Terrarium bis 5) mit 3-8 Eiern (∅ 11x19 mm) vergraben. Die Inkubationszeit beträgt 52-55 Tage.
Besonderheiten: Im Terrarium verkriecht sich *Laudakia stellio picea* im Winter in ihrem Versteck, das sie nur hin und wieder zum Trinken verläßt. Nahrung wird nicht aufgenommen. Nach zweimonatiger Heizungs- und Lichtreduzierung zeigt die Agame wieder ein lebhaftes Verhalten und ist paarungsbereit. Sie gehört zu den wenigen Arten, die nach kurzer Eingewöhnungszeit „handzahm" werden; es darf allerdings nur ein ♂ zusammen mit max. 5 ♀♀ gepflegt werden.
Verbreitung: *Laudakia stellio brachydactyla* - Nord-Saudi Arabien, Süd-Israel und Sinai, Süd-Jordan; *Laudakia stellio cypriacus* - Zypern; *Laudakia stellio daani* - Saloniki; zahlreiche Inseln im Ägäischen Meer, Kleinasien bis Israeli; *Laudakia stellio picea* - Südwest-Syrien, Süd-Libanon, Nord-Israel, Nordwest-Jordanien; *Laudakia stellio stellio* - Mykonos-Inseln; *Laudakia stellio vulgaris* - Nord-Ägypten. **Lit.:** BEUTLER 1981.

Laudakia stellio im Terrarium.

Leiolepis CUVIER,1829
Schmetterlingsechsen - 4 Arten und 4 Unterarten

Merkmale: *Leiolepis* steht in naher Verwandtschaft zu *Uromastyx.* Beide Gattungen zusammen werden von einigen Autoren als eigene Unterfamilie oder sogar als selbständige Familie (Familie Uromastycidae) angesehen.
Der Körper ist stärker dorsoventral abgeflacht als der mehr rundliche Schwanz.
Den Rücken bedecken sehr kleine, granulierte, homogene Schuppen. Das Tympanum ist sichtbar. Femoralporen sind bei beiden Ge-

schlechtern vorhanden; dagegen fehlen Kehlsäcke und Kämme völlig.

Lebensweise: Keine anderen Agamen in Südostasien sind so auf das Leben ober- und unterhalb des Erdbodens spezialisiert wie die Schmetterlingsechsen. Sie bevorzugen offene, mehr trockene Lebensräume mit sandigen Böden. Dort graben sie etwa 30 cm tiefe und bis zu 70 cm lange Gänge, die als Wohn- und Versteckhöhlen dienen. Die überwiegend monogamen Echsen leben in Gruppen, bewohnen aber ihre Höhle allein oder paarweise zusammen mit den Jungtieren eines Jahrganges. Da sie ausgesprochen wärmebedürftig sind, verlassen sie ihren Unterschlupf nur bei sonnigem Wetter während der wärmsten Stunden des Tages. Bei einer Schattentemperatur von 33 °C erwärmt sich der Boden in der Sonne auf etwa 53 °C, und die Agamen zeigen dann ihre volle Aktivität. Dabei können sie eine enorme Laufgeschwindigkeit erreichen.

Ihre stark verlängerten, frei endenden Rippen gestatten eine extreme Körperabflachung, die eine größere Wärmeaufnahme bewirkt und gleichzeitig dazu dient, sich in den unterirdischen Gängen zu „verkeilen". Außerdem gelingen ihnen dadurch angeblich Gleitsprünge von 10-12 m Länge. Unter Laborbedingungen konnten aber nur kürzere Distanzen von 1 bis knapp 2 m nachgewiesen werden. In ihrem Verbreitungsgebiet werden *Leiolepis*-Arten als einzige Agamen regelmäßig auf den Märkten als Nahrung angeboten. Um sie an der Flucht zu hindern, bricht man ihnen Rückgrat und Beine, oder man präsentiert sie zu mehreren eng gebündelt und zusammengeschnürt. Auf dem Wochenendmarkt in Bangkok liegen sie abgehäutet auf Eis.

Haltung: *Leiolepis*-Arten ernähren sich überwiegend vegetarisch, verschmähen aber auch Insekten nicht. Um ihnen den notwendigen Bewegungsspielraum zu bieten, müssen die Trockenterrarien eine Breite von mindestens 3 m und eine Tiefe von mehr als 0,70 m aufweisen. Der 30-50 cm hohe Boden enthält ein Gemisch aus Sand und Lehm. Dabei ist zu gewährleisten, daß die Agamen sich Gänge und Höhlen ohne Einsturzgefahr graben können. Ein Teil des Terrariums ist mit 25-33 °C etwas kühler und feuchter zu halten, am Aufwärmplatz dagegen sind Temperaturen von 45-50 °C erforderlich. Nachts reicht die Zimmertemperatur aus. Die Tiere eignen sich gut für eine Freilandhaltung im Sommer. Da sie keine kühle Nässe vertragen, ist eine Teilabdeckung des Terrariums mit UV-durchlässigen Plexiglas-Doppelstegplatten günstig. Sind die Nächte zu kalt, muß alles abgedeckt werden.

Verbreitung: Birma östlich bis Süd-China und Insel Hainan, südlich bis Sumatra und Insel Bangka.

Lit.: PETERS 1971

Leiolepis belliana belliana
(GRAY, 1827)

Beschreibung: KRL ♂ 103-156, ♀ 107-145, SL ♂ bis 300, ♀ bis 280 mm. Die Nominatform ist an den drei gelben, dunkel eingefaßten Rückenstreifen auf hellbraunem Grund gut zu erkennen. Zwischen den zumeist sehr deutlichen, schmalen und in sich mit rundlichen Flecken versehenen Dorsalstreifen verlaufen 1-2 Längsreihen aus einzelnen gelblichen Ocellen. Bei Jungtieren verschmelzen diese Flecken zu Streifen, ihr Schwanz leuchtet rot. Beide Geschlechter zeigen schwarze Flanken, auf denen sich 7-9 orangerote Querbinden kontrastreich abheben. Extremitäten und Schwanz sind auf der Oberseite hell gefleckt.

Besonderheiten: Da die Echsen küstennahe Landstriche der Tropen bewohnen, muß das Terrarium auch am Tage eine hohe Luftfeuchtigkeit aufweisen. Die Agamen verhalten sich gegenüber anderen Terrarieninsassen friedlich und werden nach einiger Zeit sehr zutraulich. Sie fressen lieber Insekten als vegetarische Kost, die nur hin und wieder angenommen wird. In ihrem natürlichen Habitat ernähren sie sich auch von kleinen Krabben.

Verbreitung: Nordostküste des Golfes von Thailand zwischen Menam- und Mekon-Delta; Küstenregion Halbinsel Thailand/Malaysia sowie einige vorgelagerte Inseln; Küstenstreifen von Sumatra und Insel Bangka.

Leiolepis belliana belliana ernährt sich auch von kleineren Krabben.

Kurzdarstellung

Leiolepis belliana ocellata PETERS, 1971

Flanken ebenfalls schwarz mit hellen Querbändern. Rücken dicht besetzt mit hellen eiförmigen Ocellenflecken, dunkle Umrandung kann Querbänder bilden. Reste äußerer Längsstreifen bei Adulti meist in Beckenregion erhalten. – Birma und gebirgige Gegenden Nord-Thailands.

Lophocalotes GÜNTHER, 1872
Monotypische Gattung

Merkmale: Im Gegensatz zu allen anderen Baumagamen weist *Lophocalotes* glatte Schuppenlamellen unter den Fingern und Zehen auf. Der massig wirkende Kopf zeigt ein sichtbares Tympanum, besitzt aber keinen Kehlsack. Den gesamten Körper bedecken große schindelartige Schuppen.
Verbreitung: West-Sumatra.

Kurzdarstellung

Lophocalotes ludekingi (BLEEKER, 1860)
KRL 88-92, SL 140-152 mm. Nackenkamm aus spitzen lanzenförmigen Schuppen; Rückenkamm abgesetzt, aus ähnlichen, leicht nach hinten gerichteten Schuppen. Dorsalia ungleich groß, nicht gleichartig oder gleichmäßig ausgerichtet, teilweise gekielt. Backen sowie Schwanzwurzel der ♂♂ stark verdickt. Rücken grün, zum Bauch hin leicht türkis, mit weißlichen Flecken oder Querbändern; Kehle und Bauchseite hellblau. Nebelwaldterrarium, Insektenfresser. - 1400-2800 m. Mt. Singalang und Alahanpanjang.

Lyriocephalus MERREM,1820
Lyrakopfagamen – Monotypische Gattung, Foto Seite 7

Merkmale: Der auffällig hohe, spitzwinklig endende Augenbrauenbogen ist bei einigen Winkelkopfagamen ebenso vorhanden. Im Gegensatz zu ihnen fehlt jedoch bei *Lyriocephalus* ein sichtbares Tympanum. Außerdem tragen Adulti knollenförmige Schnauzenfortsätze.
Lebensweise: Sie bewohnen kühlere Wälder des Berglandes, die inzwischen durch menschliche Eingriffe lichter geworden sind und halten sich an Baumstämmen auf. Ein ausgeprägtes Territorialverhalten zeigen ♂♂, die meist einen Abstand von 40 m zueinander einhalten. Die Agamen bewegen sich langsam und verlassen sich bei Gefahr oft auf ihre Tarnung.
Haltung: In einem bepflanzten Regenwaldterrarium (H ≧ 140, B ≧ 150, T ≧ 60 cm) sollte nur ein ♂ ♀ gehalten werden. Lyrakopfagamen ernähren sich von Insekten, zeigen aber auch eine große Vorliebe für Regenwürmer. Sie

gelten als ruhige Terrarienbewohner, deren Haltung und Nachzucht schwierig ist.
Verbreitung: 150-900 m, Zentrales Bergland, Sri Lanka.

Lyriocephalus scutatus
(LINNAEUS, 1758)

Beschreibung: ♂ KRL 127-170, SL 116-170 mm; ♀ kleiner; Schlüpflinge 56-70 mm GL. Beide Geschlechter besitzen ein aufstellbares Nackensegel, das bei ♂♂ höher ausfällt. Den durchgehenden Rückenkamm bilden dreieckige Schuppen, die in deutlichem Abstand zueinander stehen und sich auf dem Schwanz fortsetzen. Eine Mischung aus kleinen und größeren Schuppen bedeckt die Körperoberseite. Die Färbung variiert von dunkel- über hellbraun bis grün. Adulte ♂♂ haben eine verdickte Schwanzwurzel. Sie zeigen dorsal überwiegend grüne Töne, eine bläulichweiße Bauchseite und einen gelben Kehlsack. Bei großer Erregung färben sich auch der Kopf, das Nackensegel und ein Teil des Rumpfes gelb. ♀♀ sind ebenfalls grünlich, erscheinen aber in der Gegenwart eines ♂ mehr graubraun bis braungrün. Jungtiere zeigen eine ähnliche Färbung. Das Maulinnere aller Altersgruppen ist auffallend rot.
Fortpflanzung: Die Geschlechtsreife tritt nach etwa 10 Monaten ein. Unter Terrarienbedingungen erfolgen pro Jahr 2-5 Eiablagen. ♀♀ legen 6-8 Wochen nach der Paarung 1-16 Eier (meist 8-12) ab, die von einer anfänglichen Größe von 12-13x18-22 auf 20-22x30-31 mm heranwachsen. Die Inkubationszeit beträgt 141-151 Tage bei 23-26 °C.
Besonderheiten: Kleine Aufzuchtterrarien und große Jungtiergruppen von 4-8 Tieren pro Behälter führen zu Streßsituationen, die nur wenige überleben.
Lit.: KIEHLMANN 1980, PRINZ & PRINZ 1986.

Mictopholis SMITH, 1935
Monotypische Gattung

Merkmale: Der Körper ist seitlich abgeflacht. Der Rücken wird von in Größe und Form unterschiedlichen, unregelmäßig angeordneten Schuppen bedeckt. Die Ventralschuppen erscheinen ebenfalls ungleich groß. Kehlsack, Tympanum und Nackenkamm (Rückenkamm ♂ ?) sind vorhanden.
Lebensweise: Hierüber sind keine Daten bekannt. Der lateral abgeflachte Körper deutet auf einen Baumbewohner hin.
Haltung: Es gibt leider keine Habitatbeschreibung; die Haltung in

Nebel- oder Regenwaldterrarien müßte daher zunächst ausprobiert werden. Wahrscheinlich ernähren sie sich von Insekten.

Fundort: Nahe Harmatti, Dafla Hills, Assam, Indien.

Kurzdarstellung

Mictopholis austeniana, (Annandale, 1908)

♀ KRL 90, SL 230 mm. Nackenkamm aus niedrigen nach hinten gerichteten, sichelförmigen Schuppen, Rückenkamm durch Reihe flacher Schuppen angedeutet. Dorsalia und Lateralia sehr ungleich, klein oder groß, gekielt oder glatt, eckig oder rund. Vermutlich überwiegend grünlich in verschiedenen Tönen.

Moloch GRAY, 1841

Dornteufel - Monotypische Gattung

Merkmale: Die gesamte Oberseite einschließlich der Extremitäten, des Kopfes und des Schwanzes trägt große, relativ weiche Dornen. Auf dem Nacken erhebt sich ein gewaltiger Buckel.

Lebensweise: Der Dornteufel lebt auf sandigen Böden in ariden bis semiariden offenen Gras-, Busch- und Akazienwaldlandschaften.

Nahrungsspezialist: Der Moloch.

Haltung: Auf eine Pflege sollte verzichtet werden, da die Nahrungsspezialisten (Ameisen) meist keine anderen Insekten annehmen. In Europa gelang es zwar, frisch geschlüpfte Jungtiere über ein Jahr lang mit kleinen Mittelmeergrillen und Eintagsfliegen am Leben zu erhalten, jedoch erscheint dies nicht nachahmenswert zu sein.

Verbreitung: Zentrales, südliches und westliches Australien.

Moloch horridus GRAY, 1841

Ⓖ **BArtSchV**

Beschreibung: ♀ KRL 100, SL 90 mm, ♂ etwas kleiner. Die markanten gelben, dunkelorangen bis olivgrauen oder bräunlichen Muster werden von schmalen hellen Vertebral- und Dorsolateralstreifen unterbrochen. Vom Nacken über die Augenhörner erstreckt sich eine y-förmige Zeichnung.

Lebensraum und Verhalten: Die außerhalb der Paarungszeit solitär lebenden Agamen durchstreifen große Areale, halten sich aber zeitweilig auch in einem kleineren Gebiet auf. Den Schwanz krümmen sie beim Laufen skorpionähnlich nach oben. Ihre Bewegungen erfolgen ruckartig gleich einem Uhrwerk. Durch die relativ langen Extremitäten kann der Körper so hoch vom heißen Boden abgehoben werden, daß jede Berührung vermieden wird. Dornteufel belagern Ameisenstraßen und lecken pro Mahlzeit bis zu 5000 Stück davon auf.

Der Moloch hat eine einzigartige Fähigkeit, Wasser aufzunehmen. Poröse Schuppen zwischen den Stacheln schließen capillarähnliche Poren ein, die das Wasser zu den Mundwinkeln führen. Die Stacheln scheinen in der Lage zu sein, den Tau aufzufangen und die Feuchtigkeit an die Capillaren abzuleiten. In Abwehrstellung heben die Agamen ihren Körper an und stecken den Kopf zwischen die Vorderbeine. Zwischen März und Mai sowie von August bis Dezember zeigen sie ihre größte Aktivität. Sie können 20 Jahre alt werden.

Fortpflanzung: Im Alter von etwa 3 Jahren setzt die Geschlechtsreife ein. Bei Konkurrenzkämpfen rammen die ♂♂ ihre Nebenbuhler, ähnlich wie man es von Schildkröten kennt.

♀♀ legen ihre 3-10 Eier in lange, schräg abfallende Röhren. Die Inkubationszeit beträgt 90-128 Tage.

Oriocalotes GÜNTHER, 1864
Monotypische Gattung

Merkmale: Der Körper ist seitlich kaum abgeflacht. Die unterschiedlich großen, dachziegelartigen Rückenschuppen sind gleichförmig und regelmäßig angeordnet. Ein Nacken- und Rückenkamm ist vorhanden. Kehlsack und Kehlfalte fehlen, die Schwanzwurzel der ♂♂ ist nicht verdickt. Das Tympanum liegt häufig unter Schuppen verborgen.

Lebensweise: Unbekannt, aber vielleicht den *Calotes*-Arten ähnlich.

Haltung: In einem Nebelwaldterrarium müßten erste Erfahrungen gesammelt werden. Wahrscheinlich fressen sie Insekten.

Verbreitung: Khasi Hills, Assam, Indien; Sikkim?.

Kurzdarstellung

Oriocalotes paulus SMITH, 1935
KRL ♂ 48, ♀ 70, SL ♂ 95, ♀ 130 mm; Nackenkamm aus 8-10 niedrigen, separaten Stacheln, Rückenkamm aus gleichartigen, noch kürzeren Stacheln angedeutet. Ein Stachel auf Augenbrauenbogen, zwei weitere oberhalb Ohr. Dorsalia unterschiedlich groß, gekielt, schindelartig. Extrem kurze Beine; ♂ mit verdickter langer Schwanzwurzel. Lebendfärbung unbekannt; 5 Eier.

Otocryptis WAGLER, 1830
2 Arten

Merkmale: Bei den *Otocryptis*-Arten fallen sehr lange, dünne Beine auf. Der seitlich abgeflachte Körper wird auf dem Rücken von unterschiedlich großen, gekielten Schuppen bedeckt. ♂♂ tragen einen niedrigen Nackenkamm. Ein Kehlsack kann vorhanden sein oder fehlen.
Verbreitung: Süd-Indien und Sri Lanka.

Otocryptis wiegmanni
Wagler, 1830

Beschreibung: KRL ♂ 55-77, ♀ 46-62; SL ♂ 150-180, ♀ 115-148 mm, geschlüpfte Jungtiere 15+40 mm (KRL+SL). Die zierliche Agame hat einen kleinen Kopf sowie einen schlanken Körper mit rundem Schwanz. Bricht er ab, regeneriert er zu einem birnenförmigen Knoten. Die Dorsalfärbung zeigt verschiedene graubraune Töne und ist in ein leichtes Rot- oder Olivbraun veränderbar. Das helle Rückenband kann auch die Farbe der Flanken annehmen. Es wird manchmal von noch helleren Längsstreifen begrenzt und trägt dunkle Querbinden. Kopf- und Nackenfärbung sind sehr variabel. Einen riesigen, bis zur Hälfte des Rumpfes reichenden Kehlsack besitzen nur ♂♂. Er leuchtet gelborange und ist mit einer roten v-förmigen Zeichnung oder mit einem roten Fleck versehen. Bei eingefaltetem Kehlsack bleiben auf der Brust zwei orangefarbene Längsstreifen sichtbar.
Lebensraum und Verhalten: *Otocryptis wiegmanni* bevorzugen schattiges und niedriges Geäst kleinerer Bäume und Büsche an Bächen, in denen sie gerne baden. Beide Geschlechter verteidigen ihre Reviere gegen Artgenossen. Das Aufrichten des Nackenkammes der ♂♂ gehört ebenso zu den Drohgebärden wie das Kopfnicken, schlängelnde

Schwanzbewegungen und vor allem das rhythmische Aufstellen des Kehlsackes. Der Angreifer springt auf seinen Gegner zu, der daraufhin flieht oder sich in einer Demutshaltung flach auf den Boden preßt. Der Sieger zieht sich meistens zurück. Kommt es aber doch zu Beißereien, können sie sich gegenseitig arge Verletzungen zufügen. Nicht paarungsbereite ♀♀ zeigen eine gleiche Unterwerfungsgeste, bei der sich außerdem der Kopf schwarz färbt.

Haltung: Großes, stark bepflanztes Regenwaldterrarium (H ≧ 120, B ≧ 140, T ≧ 60 cm) mit dünnen Ästen. Pro Terrarium darf nur ein ♂ ♀ gehalten werden. Der Geschmack der Insektenfresser ist individuell sehr verschieden.

Fortpflanzung: Im Regenwald erfolgen Paarungen das ganze Jahr hindurch. Das ♂ wirbt mit buntem Kopf, aufgerichtetem Nackensegel und ständigem Kopfnicken. In monatlichen Abständen werden

O. wiegmanni aus der Trockenzone.

3-7, überwiegend 4 Eier abgelegt (7-7,5x10-14 mm). Während der Inkubationszeit von 51-70 Tagen, bei ∅ 20-24 °C, wachsen die Eier bis ca. 11x17 mm.

Besonderheiten: Das Aufzuchtterrarium darf nicht zu klein sein und muß ein ausreichendes Temperaturgefälle aufweisen. Frisch geschlüpfte Jungtiere bevorzugen zunächst langsamere Futtertiere.

Verbreitung: Sri Lanka, häufiger in der Feuchtzone bis etwa 1000 m als in der Trockenzone.

Lit.: MANTHEY 1985 b.

Phoxophrys HUBRECHT, 1881
5 Arten

Merkmale: Die kleinen *Phoxophrys* weisen weder Kehlsäcke noch Schnauzenfortsätze auf. Rücken- sowie Nackenkämme können vorhanden sein oder fehlen. ♂♂ zeigen eine deutliche Verdickung der Schwanzwurzel in länglicher, mehr oder weniger oben abgeflachter Form. Es bestehen Ähnlichkeiten mit *Aphaniotis*-Arten.

Haltung: Je nach Art kommen für die Pflege Regenwald- oder Nebelwaldterrarien in Frage. Die jeweils bevorzugte Nahrung der Insektenfresser muß durch Versuche ermittelt werden.

Verbreitung: 0 bis ca. 1800 m,

Borneo und Sumatra.
Lit.: INGER 1960.

Phoxophrys nigrilabris
(PETERS, 1864)

Beschreibung: KRL ♂ 52-54, ♀ 58, SL ♂ 90, ♀ 85 mm. Beide Geschlechter besitzen einen durchgehenden Nacken- und Rückenkamm aus sehr kleinen dreieckigen Schuppen. Am Hinterkopf und an den Kopfseiten befinden sich einige Kegelschuppen. Dreieckige Schuppen auf dem Augenbrauenbogen bilden einen niedrigen Kamm. Die Oberseite des Rumpfes wird von kleinen schindelförmigen, am Ende gekielten Schuppen bedeckt, die von Schrägreihen größerer, aufrecht stehender, spitzer Schuppen unterbrochen werden.
Nur selten erscheint eine grüne Färbung mit dunklen, schrägen Querstreifen. Überwiegend herrschen bräunlichgraue bis beige Töne vor, von denen sich eine dunkle Marmorierung abheben kann. Die Maulinnenseite weist ein sehr dunkles Blau auf.
Lebensraum und Verhalten: *Phoxophrys nigrilabris* lebt an Bäumen und auf Büschen des Flachlandregenwaldes. Die langsamen Agamen verbringen häufig einige Stunden in fließenden Gewässern. Sie speichern das anscheinend über die Haut aufgenommene Wasser und spritzen es beim nächsten Regenschauer wieder aus der Kloake heraus. Vermutlich ist dieses Verhalten unter Agamen einmalig.

Porträt von Phoxophrys nigrilabris.

Besonderheiten: In einem nicht zu kleinen Regenwaldterrarium (H ≧ 140, B ≧ 80, T ≧ 50 cm) wirft die Pflege keine großen Probleme auf, selbst wenn 2 ♂♂ zusammen gehalten werden. Offensichtlich bevorzugen sie wurmförmige Nahrung, z. B. Regenwürmer und Wachsmottenlarven.
Verbreitung: Borneo.

Phrynocephalus KAUP, 1825
Krötenkopfagamen – Ca. 38-40 Arten und ca. 7 Unterarten

Merkmale: Krötenköpfe besitzen runde, stumpfschnäuzige Köpfe und einen dorsolateral abgeflachten Körper ohne Rückenkamm.

Sie haben eine Kehlfalte, jedoch keinen Kehlsack. Wimpernähnliche Schuppen auf den Augenlidern und verschließbare Nasenlöcher verhindern das Eindringen von Sand. Das Tympanum ist mit Schuppen bedeckt. An den Zehen befinden sich seitliche Fransenschuppen. Die Dorsalia sind homogen oder mit größeren vermischt, Praeanal- und Femoralporen fehlen.

Lebensweise: *Phrynocephalus*-Arten leben in ariden Gebieten. Sie bevorzugen Sandflächen, vor allem Dünen, aber auch harte Lehmböden und Schotterwüsten. Durch seitliche Körperbewegungen graben sich die Agamen schnell in losen Sand ein. Die Winterruhe erfolgt von Anfang Oktober bis Ende März. Einige Arten z. B. *Phrynocephalus theobaldi,* sind lebendgebärend (ovovivipar). Kleinere Species ernähren sich überwiegend von Ameisen, größere vertilgen auch Käfer, andere Insekten und Pflanzen.

Haltung: Ein Trockenterrarium mit den Maßen H ≧ 60, B ≧ 70, T ≧ 50 cm genügt für 1 ♂♀ der kleineren Arten (für größere H ≧ 100, B ≧ 100, T ≧ 60 cm). Der Bodengrund muß dem Herkunftsgebiet angepaßt sein. Als Dekoration dienen ein knorriger Ast und ein paar große Steine. Die Temperaturen sollen im Sommer stellenweise über 40 °C betragen, nachts etwa 20-25 °C. Einige Arten benötigen eine stärkere Absenkung und die meisten müssen überwintert werden. Da sie nicht lernen, aus Wasserschalen zu trinken, ist mindestens alle zwei Tage zu sprühen. Das Wasser sollte vorher mit Vitaminen angereichert werden.

Verbreitung: 300-6000 m, Südost-Europa, Vorder-Asien und Südwest-Asien bis Ost-Asien.

Besonderheiten: Die Tiere sind sehr bissig, was bei der Handhabung zu berücksichtigen ist.

Lit.: PETERS 1984.

Phrynocephalus guttatus guttatus

(GMELIN, 1789) Ⓖ **BArtSchV**
Gefleckter Krötenkopf

Beschreibung: ♀ KRL bis 65, SL bis 64 mm, Schlüpflinge 22-28 mm KRL; ♂♂ sind etwas kleiner als ♀♀ und haben meistens längere Gliedmaßen sowie einen längeren Schwanz. Die Unterseite erscheint weißlich, die Körperoberseite dagegen grau, gelblich oder sandfarben bis braun. Kleine dunkle Flecken und Punkte können zu einer netzartigen Zeichnung zusammenfließen. Teilweise ergeben größere gelbe Flecken bis zu fünf Querreihen. Auf der Schwanzoberseite heben sich dunkle Flecken ab, die Unterseite dagegen ist schwarz-weiß gebändert.

Lebensraum und Verhalten: Die Tiere leben in Sandgebieten mit krautiger Vegetation. Sie benutzen keine festen Wohnhöhlen, sondern graben immer neue kurze Röhren in kleine Sandhügel, die im Windschatten der Pflanzen entstehen. Von Oktober bis März überwintern die Agamen in 80-110 cm tiefen Erdhöhlen. Während Juvenile nur Insekten fressen, ernähren sich Adulti auch von Pflanzenteilen.

Fortpflanzung: Die Geschlechtsreife tritt nach einem Jahr ein. Von April bis Mitte August werden bis zu drei Gelege mit je 2-3 Eiern (8x18 mm) ausgebildet. Die Zeitigungsdauer beträgt 4-6 Wochen. Im Terrarium deponiert das ♀ die Eier immer an der feuchtesten und kühlsten Stelle.

Besonderheiten: Bisher ergaben sich Schwierigkeiten bei der Überwinterung, da die Agamen sich nicht eingruben, wie es normal wäre. Eine verkürzte Überwinterung von ca. 6 Wochen in einem möglichst kühlen, frostfreien Raum ist dennoch erforderlich, um sie zur Paarung anzuregen. Mit Ausnahme der ersten 14 Überwinterungstage sollten die Tiere täglich 4 Stunden bestrahlt werden. Wenn dies unterbleibt, ist mit Erkrankungen und Verlusten zu rechnen. Die Lebenserwartung beträgt 1-2 Jahre, im Terrarium über 3 Jahre.

Verbreitung: *Phrynocephalus guttatus guttatus* – Vom nördlichen Kaukasusvorland über die Nordküste des Kaspischen Meeres bis Zentral-Kasachstan; *Phrynocephalus guttatus kalmykus* – Kasachstan; *Phrynocephalus guttatus kuschakawitschi* – Jungghariya (Dsungarei).

Lit.: ENGELMANN et al 1985

Der Bärtige Krötenkopf Phrynocephalus mystaceus mystaceus benötigt ein trockenes Terrarium.

Phrynocephalus mystaceus mystaceus

(PALLAS, 1776) Ⓖ **BArtSchV**

Bärtiger Krötenkopf

Beschreibung: ♂ KRL bis 120, SL bis 126 mm, ♀ etwas kleiner, Schlüpflinge 38-43 mm KRL. Artcharakteristisch sind die an den Rändern mit Stachelschuppen besetzten Hautfalten in den Mundwinkeln. Bei Erregung werden sie durch Blutzufuhr bartartig abgespreizt. Dabei färben sie sich rot und erwecken den Eindruck eines großen Maules. Die sandfarbene Oberseite der Echsen überziehen dünne schwarze Linien, die ein feines, unregelmäßiges Netzwerk bilden oder zu dunklen Flecken ineinanderfließen. Auf der weißen Unterseite befindet sich ein schwarzer Brustfleck, der bei ♀♀ etwas heller ausfällt. Das untere Schwanzende ist tiefschwarz gefärbt.

Lebensraum und Verhalten: *Phrynocephalus mystaceus* bevorzugt gleichartige Biotope wie *Phrynocephalus guttatus.* Flüchtende Krötenechsen legen Strecken bis zu 60 m zurück, verharren kurz mit aufgerolltem Schwanz oder sie versinken durch Körpervibrationen schnell im lockeren Sand. Ebenfalls im Sand versunken, aber mit herausragenden Nasenlöchern und Augen lauern die Agamen auf Käfer, andere Insekten und kleine Echsen. Die von Ende September bis Anfang April dauernde Winterruhe verbringen sie in ca. 180 cm langen Erdröhren, die bis 130 cm tief sein können.

Fortpflanzung: *Phrynocephalus mystaceus mystaceus* ist im Alter von 2 Jahren geschlechtsreif. Die Paarungszeit dauert von Ende April bis Anfang Juli. Ab der zweiten Maihälfte bis Ende Juli vergraben ältere ♀♀ bis zu zwei Gelege mit 2-3 Eiern ca. 20 cm tief in leicht feuchtem Sand (im Terrarium bis 4 Gelege mit 6-9 Eiern). Nach 51-70 Tagen schlüpfen die Jungtiere. Die Aufzucht gelingt relativ gut.

Besonderheiten: Die Echsen stellen sich sehr ungeschickt an, wenn sie aus einem Napf trinken sollen (Zuscharren der Wasserschale). In ihrer natürlichen Umgebung werden sie 4-6 Jahre alt, im Terrarium 7-8 Jahre.

Verbreitung: *Phrynocephalus mystaceus mystaceus* - Vom äußersten Westen Asiens und dem nördlichen Kaukasus entlang des Kaspischen Meeres über Nord-Iran und Nord-Afghanistan bis Zentral-Asien. *Phrynocephalus mustaceus aurantiacocaudatus* - Kasachstan.

Lit.: ENGELMANN et al 1985

Physignathus CUVIER, 1829
Wasseragamen - 2 Arten

Physignathus cocincinus erreicht eine Gesamtlänge von 90 cm.

Merkmale: Die großen Wasseragamen sind kräftig gebaut und haben einen mehr oder weniger seitlich abgeflachten Körper, der mit kleinen Schuppen bedeckt ist. Sie besitzen eine Kehlfalte, Nacken- und Rückenkämme, sichtbare Trommelfelle sowie Femoralporen, jedoch keine Kehlsäcke.
Lebensweise: Die baumbewohnenden Agamen leben in Regen- und Feuchtwäldern in unmittelbarer Gewässernähe.
Haltung: Für ein Pärchen ist ein großes Regenwaldterrarium mit senkrechten und schrägen Kletterästen erforderlich (H ≧ 140, B ≧ 250, T ≧ 90 cm), in dem durch Felslandschaften der natürliche Biotop nachgestaltet wird. Auf eine Bepflanzung sollte verzichtet werden, da sie nicht lange überdauert. Mehr als die Hälfte der Bodenfläche nimmt ein etwa 30-40 cm tiefes Wasserteil ein. Als Nahrung dienen Insekten, Mäuse, Küken, als Ergänzung auch Rinderherz, Hunde- und Katzenfutter aus Dosen sowie süßes Obst.
Verbreitung: Thailand bis Süd-China; Australien und Neuguinea.

Physignathus cocincinus
CUVIER, 1829
Grüne Wasseragame

Beschreibung: KRL ♂ 170-250, ♀ 160-200, SL ♂ 480-650 mm, ♀ kleiner; Schlüpflinge 45-53+86-100 mm (KRL+SL). Auf der Hautfalte des Nackens stehen separate lanzenförmige Kammschuppen. Gleichartige befinden sich auch auf dem Rücken und dem vorderen hohen, stark abgeflachten Teil des Schwanzes. Auffallend große, teilweise konische Schuppen bedecken die Seiten des Unterkiefers und die Backen. Diese erscheinen weiß, bläulich oder rötlich bis orange. Ansonsten dominieren grüne Nuancen, in die sich auf den Seiten 3-5 helle Querbinden einfügen. Letztere werden mit zunehmendem Alter undeutlicher. Insbesondere bei ♂♂ kann der Achselhöhlenbereich gelblich gefärbt sein, desgleichen Kehle und Brust, die aber auch grüne oder orange bis fast weiße Töne zeigen können.
Der Habitus der ♀♀ ist insgesamt zierlicher. Ihre Kämme bleiben niedriger, die Backen schwellen nicht so stark an, die Femoralporen fallen kleiner aus und ihre Färbung ist weniger intensiv als die der ♂♂.
Lebensraum und Verhalten: *Physignathus cocincinus* ist in freier Wildbahn sehr scheu und ständig bereit zur Flucht, bei der er manchmal ins Wasser springt und durch seine Schwimm- und Tauchkünste entkommt. Nicht selten liegen die Wasseragamen träge auf Ästen direkt über den Gewässern, jedoch verbringen sie auch viel Zeit auf dem Boden. Bei der geringsten Störung flüchten sie nur auf den Hinterbeinen mit angelegten Armen, bis sie im dichten Unterholz Deckung gefunden haben oder sie verschwinden in größeren

Felsspalten. Beide Geschlechter bilden Reviere, die sie gegen eindringende Artgenossen verteidigen.

Fortpflanzung: Besondere Auslöser für die Paarungsbereitschaft konnten bisher noch nicht nachgewiesen werden. Mehrmals im Jahr vergraben ♀♀ ihre 5-16 Eier (14-16x25-28 mm) etwa 20 cm tief. Diese erreichen kurz vor dem Schlupf eine Größe von 17-21x30-34 mm. Je nach Zeitigungstemperatur (24-30 °C) schlüpfen die Jungtiere nach 60-100 Tagen. Bei ausreichender Calcium- und Vitaminversorgung bereitet die Aufzucht keine größeren Schwierigkeiten.

Besonderheiten: Im Terrarium können die Agamen recht unverträglich sein, daher dürfen zu einer bestehenden Gruppe keine weiteren Wasseragamen hinzugesetzt werden. Ein großes Problem wirft ihre Schreckhaftigkeit auf. Sie springen oder laufen immer wieder gegen die Terrarienscheiben, was arge Schnauzenverletzungen zur Folge hat, die nur schwer heilen. Daher sollte die Haltung erfahrenen Pflegern vorbehalten sein.

Verbreitung: Birma?, Thailand bis Süd-China.

Lit.: DEDEKIND & PETZOLD 1982.

Physignathus lesueurii lesueurii (GRAY, 1831)

Ⓖ **BArtSchV**

Australische Wasseragame

Beschreibung: ♂ + ♀ KRL 200-250, SL 500-700 mm, Schlüpflinge 146-160 mm GL. Vom Hinterkopf bis fast zum Schwanzende erstreckt sich ein Kamm aus dreieckigen und sägeartigen Schuppen, der im Nacken der ♂♂ am höchsten ist. Den hinteren und seitlichen Kopfbereich bedecken zahlreiche große, konische Schuppen. Weitere verlaufen in Querreihen über den Rücken bis zum Bauch und sind auch auf dem vorderen Schwanzteil vorhanden. Die bräunliche bis graue Grundfarbe wird durch schwarze, manchmal rautenförmige Rückenflecken oder Querbänder unterbrochen. Ein schwarzes Band reicht vom Auge bis zur Schulter. Die Bauchseite ist gelblich bis braun (♀) oder rot (♂).

Lebensraum und Verhalten: Die Wasseragamen bilden ihre Reviere an Ufern kühl temperierter bis subtropischer Wasserläufe mit Baum- und Buschbeständen. Sie besiedeln die Seeseiten der Bergketten sowie Küstenebenen und feuchte, felsige Küstenplateaus Ost-Australiens. Als anpassungsfähige Allesfresser verschmähen sie weder ihre eigenen Jungtiere noch Frösche, Fische, Krabben und Blütenblätter. Aus diesem Grund sind Jungtiere äußerst aufmerksam und wachsen an kleinen Flußseitenarmen heran, abseits der Jagdgebiete der Adulti.

Beachtlich ist das Tauchvermögen der Agamen. Sie können bis zu 90 Minuten unter Wasser verweilen.

Fortpflanzung: Im australischen

Frühling legen die ♀♀ in einiger Entfernung ihrer Reviere 6-20 Eier ab. Nach 70-120 Tagen schlüpfen die Jungtiere. Eventuell sind mehr als zwei Gelege pro Saison möglich.

Besonderheiten: Für eine erfolgreiche Nachzucht scheint eine kurze Überwinterung bei Tagestemperaturen von etwa 20 °C (nachts 10-15 °C) angebracht zu sein.

Verbreitung: *Physignathus lesueurii lesueurii* - Neuguinea und Kap York bis Zentral-Neusüdwales; *Physignathus lesueurii howitti* - Südost-Neusüdwales und Ost-Victoria.

Physignathus lesueurii.

Lit.: EHMANN 1992, SMITH 1979.

Pogona STORR, 1982
Bartagamen - 7 Arten und 2 Unterarten

Merkmale: Charakteristisch ist die mit Hilfe des Zungenbeinapparates mehr oder weniger aufstellbare Kehle („Bart") sowie eine kräftige von Art zu Art unterschiedliche Bestachelung der breiten, dreieckigen Köpfe. Den dorsoventral abgeflachten Körper bedecken kleine Schuppen, die stets mit größeren vermischt sind. Die Schulter zeigt einen dunklen Fleck und kleine Stachelanhäufungen. Weitere Stachelschuppen sind in einer oder mehreren Längsreihen auf den Flanken angeordnet. Zwischen Auge und Tympanum verläuft meist ein dunkles Band. Die unscheinbaren Grau- und Brauntöne des Rückens variieren schwach. ♂♂ besitzen ausgeprägte Hemipenistaschen und können den „Bart" tiefschwarz färben.

Lebensweise: Die semiarboricolen Agamen besiedeln Halbwüsten, Busch- und Baumsteppen sowie lichte Trockenwälder. Insbesondere ♂♂ sitzen auf Steinen, Büschen oder Baumstubben, um ihr Territorium zu kontrollieren, welches erbittert verteidigt wird. Mit Aufblähen, Bartstellen, Schwanzschlagen, Maulaufreißen und Fauchen drohen sie dem Gegner auf dem Boden und versuchen, ihn durch Anspringen oder Beißen zu vertreiben. Bartagamen fressen fast alle Tiere, die sie von der Größe her bewältigen können. Etwa die Hälfte der Nahrung besteht aus pflanzlicher Kost (Blätter, Blüten und Früchte).

Haltung: Die Pflege eines ♂♀ erfolgt in einem Trockenterrarium (H ≧ 100, B ≧ 150, T ≧ 80 cm) mit Sandboden, Felsaufbauten und Kletterästen. Bewährt haben sich Temperaturen von 30 °C und lokal 40 °C. Nachts ist eine Mindestabsenkung auf Zimmertemperatur erforderlich. Damit die Tiere eine Ruhepause einlegen, bleiben die Heizung und ein Teil der Beleuchtung im November und Dezember ausgeschaltet. Anschließend paaren sich die Agamen. Mehrere ♂♂ dürfen nicht zusammen in einem Terrarium gepflegt werden, da sie äußerst unverträglich sind.
Verbreitung: Australien.

Pogona barbata
(CUVIER, 1829)

Beschreibung: ♂♀ KRL bis 250, SL bis 330 mm, Schlüpflinge 75-100 mm GL. Der gut entwickelte „Bart" kann voll aufgerichtet werden. Das Trommelfell erscheint fast dreieckig. An den Flanken verlaufen vier Stachelreihen. Die Oberseite zeigt ein düsteres Grau mit einer rautenförmigen Zeichnung, die hellgraue Bauchseite dagegen ein Ocellenmuster. Bei Erregung färben sich Kopf, Extremitäten und Flanken gelb. *Pogona barbata* besitzt leuchtend gelbe Mundschleimhäute. Jungtiere tragen auf der Schnauzenspitze drei hellgraue Punkte, die gelegentlich ineinanderlaufen können.
Lebensraum und Verhalten: Die Agamen bewohnen kühl temperierte bis tropische Baumsteppen,

Mit offenem Maul und aufgestelltem „Bart" droht das Pogona barbata-Männchen.

Trockenwälder und landwirtschaftlich genutzte Gebiete.
Fortpflanzung: ♀♀ sind mit 130 mm KRL geschlechtsreif. 4-6 Wochen nach der Paarung legen sie nach mehreren Probegrabungen in den frühen Abendstunden 18-25 Eier (25-30 mm lang). Die Zeitigungsdauer beträgt 63-95 Tage.
Besonderheiten: Die futtergierigen Jungtiere müssen auf mehrere kleine Behälter verteilt werden, da sie schnell Rangordnungen ausbilden. Dies wird selten vom Halter wahrgenommen, führt aber durch Dauerstreß oft zum Tod der schwächeren Tiere.
Verbreitung: Ostaustralien, Küstenstreifen von Cooktown bis zum Süden. Zwei abgetrennte Populationen kommen in den südlichen Mt. Lofty-Bergen und auf der Eyre-Halbinsel vor.
Lit.: BADHAM 1976, BUSTARD 1966.

Pogona minor
(STERNFELD, 1919)
Pogona minor minima
(LOVERRIDGE, 1933)

Beschreibung: ♂ ♀ KRL 135, SL 265 mm, Schlüpflinge 65-80 mm GL. Der Bart kann nur wenig aufgerichtet werden und die Kopfbestachelung fällt relativ schwach aus. Das kleine Tympanum ist rund. Parallel zur Wirbelsäule verlaufen kurze Stachelreihen. Kopf, Gliedmaßen und Schwanz sind länger und die Gelbfärbung bei Wohlbefinden ist geringer ausgeprägt als bei *Pogona minor minor.* Die düstergrauen Agamen ähneln mit ihrer rautenförmigen Zeichnung, der hellen Bauchseite und den gelben Mundschleimhäuten *Pogona barbata.* Zur Paarungszeit zeigen ♂♂ einen schwarzen Bauch.
Lebensraum und Verhalten: Bevorzugt werden offene Wald- und Buschlandschaften mit sandigen und steinigen Böden, in küstennahen Gebieten auch Dünenlandschaften. Im Gegensatz zu anderen Bartagamen greifen sie einen Störenfried nicht an, sondern verlassen sich auf ihre Tarnung oder fliehen.
Fortpflanzung: Die ab 85 mm KRL geschlechtsreifen ♀♀ legen 5-10 Eier. Nach 50-63 Tagen schlüpfen die Jungtiere. Knapp 4 Wochen später sollten sie einzeln aufgezogen werden.
Verbreitung: *Pogona minor minima* - Südwestliches Westaustralien, Albrolhos und Houtman Inseln sowie West-Wallabi Insel; *Pogona minor minor* - Zentrale Küste von Westaustralien durch Zentral-Australien bis Eyre-Halbinsel, Südaustralien.
Lit.: HIELSCHER 1989

Pogona mitchelli
(BADHAM, 1976)

Beschreibung: ♂ KRL 155, SL 255 mm, ♀ kleiner. Der etwa ebenso breite wie lange Kopf der robusten Agamen zeigt eine kräfti-

Männchen von Pogona mitchelli.

ge Bestachelung und ein elliptisches Tympanum. Er ist mit einem teilweise aufstellbaren „Bart" ausgestattet. ♂♂ besitzen einen größeren und wuchtigeren Schädel als ♀♀. An der Körperseite befindet sich nur eine Stachelschuppenreihe. Bei kühler Witterung erscheinen beidseitig der Wirbelsäule ovale Flecken, ansonsten sind die Tiere braun oder sandgelb bis rötlichbraun gefärbt, und ein dunkles Muster bedeckt die Flanken. Bei Erregung färben ♂♂ ihren Kopf und Schwanz rötlich.

Lebensraum und Verhalten: *Pogona mitchelli* lebt in Trockenwäldern mit hohem Grasbewuchs und in halbwüstenähnlichen Gebieten auf sandigen oder felsigen Böden.

Fortpflanzung: ♀♀ sind mit 105 mm KRL geschlechtsreif. Die restlichen Daten decken sich mit denen von *Pogona minor.*

Besonderheiten: Im Überlappungsgebiet der südlichen Pilbara-Region kommt es zu Bastardierungen zwischen *Pogona mitchelli* und *Pogona minor minor.*

Verbreitung: Nördliches Westaustralien und Nordwestliches Nordterritorium.

Pogona nullarbor

(BADHAM, 1976)

Beschreibung: ♂ ♀ KRL 141, SL 230 mm. Die Kopfbestachelung ist schwach ausgeprägt und der Bart läßt sich nur teilweise aufrichten. Das Tympanum zeigt eine ovale Form. *Pogona nullarbor* gilt als die farbigste Bartagame. Den braunen oder rot bis orangebraunen Rücken zieren 6-7 weiße Querstreifen. Dazwischen können dorsolateral grünlichgraue Felder vorhanden sein. Auf dem cremefarbenen Bauch heben sich dunkel umrandete Ocellen und auf der hellgrauen Kehle dunkle Streifen ab. Das Maulinnere erscheint rosa. Die kurzen Gliedmaßen sowie der Schwanz haben eine kontrastreiche Querbänderung.

Lebensraum und Verhalten: *Pogona nullarbor* lebt auf kalkreichen Böden mit Busch-, Gras- oder Akazienbewuchs.

Fortpflanzung: die ab 102 mm KRL geschlechtsreifen ♀♀ legen Oktober/November 14-19 Eier. Bei 27-29 °C schlüpfen die Jungtiere nach 79-80 Tagen.

Verbreitung: Nullarborebene im Südosten Westaustraliens und Südwesten Südaustraliens.

P. nullarbor ist kontrastreich gefärbt.

Pogona vitticeps
(AHL, 1926)

Beschreibung: ♂♀ KRL bis 250, SL bis 310 mm. Der voll aufrichtbare „Bart" des ebenso breiten wie langen Kopfes ist gut entwickelt. Das Trommelfell ist oval. An den Körperseiten verlaufen zwei Stachelreihen. Die Mundschleimhäute sind rosa. Der kräftige Körper kann grau, braun, rotbraun oder gelb gefärbt und mit einer rautenförmigen Zeichnung versehen sein. Auf dem blaßgrauen Bauch zeigt sich ein Ocellenmuster.
Lebensraum und Verhalten: *Pogona vitticeps* bevorzugt ähnliche, aber wärmere und trockenere Biotope als *Pogona barbata.*
Fortpflanzung: ♀♀ sind mit einer KRL von 130 mm geschlechtsreif. Sie legen ab Oktober bis zu zweimal 11-25 Eier. Bei 26 °C beträgt die Zeitigungsdauer 68-96 Tage.
Besonderheiten: ♂♂ und Jungtiere sind untereinander einigermaßen verträglich. In der Regel bilden ♂♂ nach jeder Winterruhe eine Rangordnung, die bis zur nächsten Saison von allen akzeptiert wird. Es ist möglich, mehrere Jungtiere zusammen aufzuziehen. Dabei müssen aber Nahrungsaufnahmen kontrolliert und schwächere Tiere notfalls separat gefüttert werden.
Verbreitung: Östliches Inland von Zentral-Queensland, Nordsüdwales nach Nordwest-Victoria zur östlichen Hälfte von Südaustralien und Südost-Nordterritorium.
Lit.: JOHNSTON 1979, PFLUGMACHER 1984.

Zu den großen Bartagamen zählt Pogona vitticeps.

Pogona sp.

Beschreibung: ♂ ♀ KRL 130, SL 170 mm, Schlüpflinge 55-80 mm GL. Der „Bart" der kleinsten, kurzschwänzigsten Bartagame und die Kopfbestachelung sind nur schwach ausgeprägt. An den Flanken verläuft eine Stachelreihe. Der mehr rundliche Kopf zeigt im Umkreis des ovalen Tympanums häufig einen orangeroten Fleck sowie eine unregelmäßig braun gestreifte, hellgraue Kehle und hellorange Mundschleimhäute. Den orangebraunen Rumpf bedecken beidseitig der Wirbelsäule ovale graue Flecken, welche ineinander laufen können. Manche Individuen weisen kaum eine Zeichnung auf. Am Bauch und auf den ersten ⅔ des Schwanzes erscheinen oft Ocellen auf beigegrauem Grund.

Lebensraum und Verhalten: Die Bartagamen leben auf schwerem graubraunem Substrat, sogenannten Schwarzerdeböden. Die Flächen sind durchsetzt mit Felsen, Büschelgras und niedriger Buschvegetation. Bei Verfolgung verschwinden die Echsen in Erdspalten oder -löchern. Ihre ungeschickten Kletterkünste scheinen auf eine mehr bodenbezogene Lebensweise hinzudeuten.

Fortpflanzung: ♀♀ legen 8-19 Eier, aus denen nach 50-70 Tagen die Jungtiere schlüpfen. Leider bringt diese Art im Terrarium viele Krüppel mit Rollschwänzen zur Welt. Anscheinend sind solche Mißbildungen vererbbar. Daher sollten deformierte Schlüpflinge abgetötet werden (Gefrierschrank), denn der Schaden ist irreparabel.

Pogona sp. ist in Deutschland unter dem ungültigen Namen „Amphibolurus rankinii" bekannt.

Verbreitung: Zentrales und westliches Queensland.

Bemerkung: Die Art wurde 1985 von WELLS & WELLINGTON als *Pogona henrylawsoni* beschrieben. Da die Arbeit auf den Index gesetzt wurde, darf der Name jedoch nicht verwendet werden.
Seit über 10 Jahren ist die Agame in Deutschland unter dem falschen (ungültigen) Namen „Amphibolurus rankinii" bekannt.

Psammophilus FITZINGER, 1843
2 Arten

Merkmale: Auffällig ist ein großer dreieckiger Kopf ohne Kehlsack, aber mit sichtbarem Tympanum. Kleine gleichartige, regelmäßig angeordnete Schuppen bedecken die Oberseite des dorsoventral abgeflachten Rumpfes. Am Hinterkopf befinden sich kleine, stachelartige Schuppen. Der Nacken- und Rückenkamm wird durch winzige dreieckige Schuppen nur angedeutet. ♂♂ zeichnen sich durch deutlich erkennbare Hemipenistaschen aus.

Lebensweise: Die Bodenbewohner leben in Felslandschaften des

Berglandes. Sie gelten als extrem aktiv und scheu. Bei der geringsten Gefahr flüchten sie in die nächstgelegene Felsspalte und bringen sich so in Sicherheit.
Verbreitung: Indien.

Kurzdarstellung
Psammophilus blanfordianus STOLICZKA, 1871
♂ KRL 100, SL 200 mm, ♀ kleiner. Farblich den Felsen der Umgebung angepaßt; ♂♂ überwiegend bräunlich mit dunklem Muster; Juvenile und ♀♀ olivbraun, braun gefleckt oder marmoriert, gewöhnlich auf Rücken und Schwanz große dunkle rautenförmige Flecken mit hellem Zentrum. Während Paarungszeit (April-Mai) ♂♂ vordere Hälfte rot, hintere schwarz. Trockenterrarium mit stärkerer nächtlicher Abkühlung, Insektenfresser. - 1300-2100 m, Zentral- und südöstliches Indien.
Lit.: SMITH 1935.

Pseudocalotes FITZINGER, 1843
6 Arten

Merkmale: Der Habitus weist Ähnlichkeiten zu den *Calotes*-Arten auf, wirkt aber schlanker und zierlicher. Die etwas unterschiedlich großen Rückenschuppen sind nicht so regelmäßig angeordnet. Der Kopf ist länglicher und die Beine sind in der Regel kürzer. Einzeln stehende Schuppen bilden einen Nackenkamm, während der Rückenkamm lediglich angedeutet ist.
Lebensweise: Vermutlich halten sich die kleinen Agamen auf Büschen und Bäumen auf. Sie scheinen die Wälder der Bergregionen zu bevorzugen.
Haltung: In Abhängigkeit von der Höhenlage ihres Fundortes eignen sich Regen- oder Nebelwaldterrarien. Sie ernähren sich von Insekten.
Verbreitung: Birma östlich bis Süd-China, südlich bis Java.

Kurzdarstellung
Pseudocalotes tympanistriga, (GRAY, 1831)
KRL ♂ 67-80, ♀ 65-68, SL ♂ 157-190, ♀ 145,-147 mm, Schlüpflinge 76 mm GL. Nackenkamm aus 6-7 kleinen dreieckigen Schuppen; auf Rücken nur Reihe gekielter Schuppen. Hinterer Rand des Augenbrauenbogens mit vergrößerter tuberkelartiger Schuppe; mehrere kleine Stacheln um Tympanum;

schindelartige Rückenschuppen überlappen sich kaum, sind glatt und teilweise gekielt. ♂♂ und ♀♀ mit Kehlsack. Grün oder bräunlich, mit oder ohne dunkle Querbinden. 2 Eier (7,5-8x16,5-18 mm). Inkubationszeit 70-71 Tage. – Ca. 1300-1500 m, Sumatra und Java. **Lit.:** KOPSTEIN 1938.

Pseudotrapelus FITZINGER, 1843
Monotypische Gattung

Merkmale: *Pseudotrapelus* unterscheidet sich äußerlich von *Trapelus* durch längere Beine und ein größeres Tympanum.
Lebensweise: Er bewohnt Wüstenrandgebiete und ernährt sich von Insekten.
Haltung: Siehe *Trapelus.*
Verbreitung: Nordost-Afrika und Arabien.

Kurzdarstellung

Pseudotrapelus sinaitus, (HEYDEN, 1827)
♂ KRL 90-100, SL 200, ♀ mit 75 mm KRL geschlechtsreif. Oberseite sandfarben, ♂ Kopf, Rumpf und Arme bei Erregung blau. 3-9 Eier.

Ptyctolaemus PETERS, 1864
2 Arten

Merkmale: Auf der Kehle befinden sich drei längliche Falten, die eine u-förmige Figur bilden. Der Körper ist lateral oder dorsoventral abgeflacht.
Femoralporen können vorhanden sein, ebenso ein Rückenkamm bei ♂♂ . Das Tympanum ist nicht sichtbar.
Verbreitung: Assam (Indien), Xizang (Tibet) und Nordost-Thailand.

Ptyctolaemus phuwuanensis
Manthey & Nabhitabhata, 1991

Beschreibung: KRL ♂ 83-86, ♀ 80-83; SL ♂ 182, ♀ 155-164 mm. Kopf und Körper sind dorsoventral leicht abgeflacht. An den sehr langen Extremitäten sitzen auffallend dünne, lange Finger und Zehen. Der Dorsalkamm der ♂♂ besteht aus niedrigen dreieckigen Schup-

pen und ist im Schulterbereich unterbrochen. Der kleine rechteckige Kehlsack wird beidseitig von drei ausgeprägten parallelen Falten umsäumt, die sich zum Hals hin zu einem undeutlichen U verbinden. ♀♀ tragen einen kleineren Kehlsack, der unten gerundet ist. Bei ihnen wird der Rückenkamm nur durch eine Längsreihe flacher Schuppen angedeutet.
♂♂ sind dorsal dunkelbraun gefärbt mit grünlichen Punkten und hellen Mustern. In schrägen Reihen erscheinen an den bräunlichen bis bläulichvioletten Flanken schwarze runde Flecken, die sich bis zum Bauchrand fortsetzen. Dazwischen befinden sich blaßorange Streifen. Im Bereich des Kehlsackes weist die Kehle eine orangegelbe Färbung auf, beidseitig gesäumt von je zwei Reihen schwarzer, unregelmäßig geformter Streifen. Die untere Kehlsackhälfte ist rötlich, der Bauch dagegen schimmert bläulichviolett vermischt mit gelb. Die Flecken und Muster erscheinen bei den Weibchen orangegelb, ihre Unterseite ist einfarbig blaßgelb ohne dunkle Punkte.
Lebensraum und Verhalten: *Ptyctolaemus phuwuanensis* wurde an einem abgeflachten Sandsteinberg in 200 und 380 m Höhe gefunden. Dessen Plateau wird von immergrünem Trockenwald bedeckt, während die Hänge mit einem Dipterocarp-Trockenwald überzogen sind. Die Agamen bewohnen die riesigen Sandsteinfelsen des Hügels, der zu einem See abfällt. Am späten Nachmittag sowie nachts suchen sie Schutz in engen Felsspalten oder an der Decke kleinerer Höhlen.
Besonderheiten: Zur Haltung müßte ein Trockenwaldterrarium dahingehend abgewandelt werden, daß die Rückwand als Felsformation gestaltet wird. Es kann davon ausgegangen werden, daß die äußerst interessanten und schnellen Agamen Insekten fressen.
Fundort: Phu Wua Wildlife Sanctuary, Provinz Nong Khai, Nordost-Thailand.

Salea GRAY, 1845
4 Arten

Merkmale: Der lateral abgeflachte Rumpf ist auf der Oberseite mit dachziegelartigen, regelmäßig angeordneten, aber verschieden großen Schuppen bedeckt. Beide Geschlechter besitzen sichtbare Trommelfelle, stachelartige Schuppen am Hinterkopf und Nackenkämme. Der Rückenkamm der ♂♂ läßt sich zumindest im Ansatz erkennen. Bei den ♀♀ dagegen ist er schwächer ausgeprägt oder fehlt gänzlich.
Lebensraum und Verhalten: Lei-

der liegen über die ansprechenden Agamen wenig Informationen vor. Sie sind an Bäumen und am Boden beobachtet worden, teilweise auch direkt im Wasser oder als Kulturfolger in Hausgärten.
Haltung: In Nebelwaldterrarien mit stärkerem Lichteinfall müssen erste Erfahrungen gesammelt werden. Vermutlich ernähren sie sich von Insekten.
Verbreitung: Bis 2400 m, Indien; Birma; Thailand; südwestliches China.

Salea kakhienensis.

Kurzdarstellung

Salea horsfieldii GRAY, 1845
KRL ♂ 95, ♀ 75, SL ♂ 250, ♀ 155 mm. ♂♂ mit unterbrochenem Nacken- und Rückenkamm aus langen lanzenförmigen Schuppen; Nackenkamm ♀♀ aus Doppelreihe kurzer, alternierender, schräger Schuppen, kein Rückenkamm. Sämtliche Körperschuppen bei ♂♂ sehr stark, bei ♀♀ etwas schwächer gekielt. ♂♂ herrlich gefärbt, intensiv grün, zum Kopf hin gelb; Kehlsack leuchtend gelb. 3-4 Eier (9x17 mm). In Büschen, Hecken und Gärten; Nebelwaldterrarium. - 1800-2400 m, Nilgiri und Plani Berge, Süd-Indien. **Lit.:** SMITH 1935.

Salea kakhienensis (ANDERSON, 1878)
KRL ♂ 94-125, ♀ 83, SL ♂ 176-255, ♀ 141 mm; Nackenkamm aus länglichen, Rückenkamm aus sehr niedrigen dreieckigen Schuppen (♂♂) oder kaum wahrnehmbar (♀♀). Zwischen Tympanum und Nackenkamm 2-3 Stacheln. ♂♂ mit breitem Kopf und ausgeprägten Hemipenistaschen. Beide Geschlechter leicht grünlich bis hautfarben, dunkel gesprenkelt, mit alternierenden helleren und dunkleren breiten Querbändern. 5 Eier, gebietsweise arboricol oder terrestrisch lebend, teilweise im Wasser. Nebelwaldterrarium mit großer Grundfläche. - Bergregionen von Birma über Nord-Thailand bis West-Yunnan (China). **Lit.:** SMITH 1935.

Sitana CUVIER, 1829
Monotypische Gattung

Merkmale: Ein einziges gravierendes Merkmal genügt, um *Sita-*

na von allen anderen Gattungen abzugrenzen. Die Füße sind nur mit 4 Zehen versehen.

Lebensweise: Obwohl der seitlich abgeflachte Körper auf eine arboricole Lebensweise schließen läßt, hält sich die Agame überwiegend am Boden und in niedrigen Büschen auf. Sie bewohnt die spärlich bewachsenen Trockenzonen des Flachlandes.

Haltung: In einem größeren Trockenterrarium (H ≧ 100, B ≧ 150, T ≧ 60 cm) mit sandigem Boden und einigen buschartigen Pflanzen kann das Verhalten von 1 ♂ und 2 ♀ gut beobachtet werden. Sie benötigen tagsüber eine relative Luftfeuchtigkeit von 50-70% und lokale Boden- und Lufttemperaturen von bis zu 45 °C, im übrigen Terrarium 30-35 °C, nachts wird die Temperatur auf 22-28 °C abgesenkt.

Verbreitung: Indien, östlich bis zum Ganges und Sri Lanka.

Sitana ponticeriana
Cuvier, 1829

Beschreibung: ♂ ♀ KRL 70-80, SL bis 160 mm (Umgebung von Bombay); KRL ♂ 42-57, ♀ 36-52, SL bis 150 mm (restl. Indien und Sri Lanka), Schlüpflinge 17+32 mm (KRL+SL). Die Agame weist ein sichtbares Tympanum auf, während ein Nacken- oder Rückenkamm fehlt. Ein Muster aus dunkelbraunen, schwarz eingefaßten, rhombischen Flecken überzieht das helle Rückenlängsband. Die restliche Oberseite erscheint bräunlich, mit teilweise dunkleren oder helleren Flecken. Das Maul ist innen blau. An dem gewaltigen, bis zum Bauch reichenden Kehlsack, dessen brillanteste Färbung zur Paarungszeit gezeigt wird, sind ♂♂ leicht zu erkennen. Das orange- oder pinkfarbene Zentrum trägt eine blaßgelbe oder weißliche Umrandung. Dazu bildet der lilablaue vordere Kiel einen leuchtenden Kontrast.

Lebensraum und Verhalten: Selbst in der Mittagshitze nimmt die Sita-Agame ein Sonnenbad auf dem heißen Sand. Bei Gefahr laufen sie schnell zweibeinig mit aufgerichtetem Schwanz zum nächsten Erdloch oder zu einem Versteckplatz. Selten werden sie älter als 1 Jahr, da in ihrem Lebensraum zu viele Freßfeinde lauern, u. a. *Calotes*-Arten.

Fortpflanzung: Paarungen erfolgen im Osten Süd-Indiens zwischen April und September. Von Juni/August bis Oktober legen ♀♀ nach einem Regenschauer ein oder mehrmals Eier (6x9-10

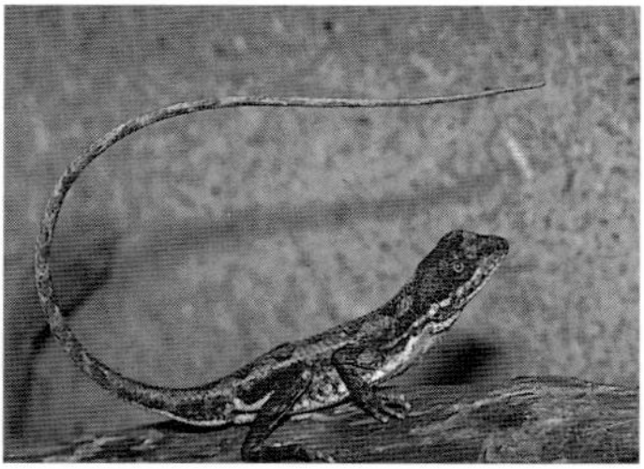

Sitana ponticeriana.

mm) in selbst gegrabene Löcher. Die Gelegegröße schwankt regional. Auf Sri Lanka beträgt sie 6-8 Eier, in der Nähe von Poona (Indien) 11-14 und bei Tirupati (Indien) wurden 8-13 Eier registriert. Nach einer Inkubationszeit von 42-43 Tagen erscheinen die ersten Jungtiere im Oktober. Der Schlupf dauert 4,5 Stunden. Spätestens im März des nächsten Jahres sind die Agamen geschlechtsreif.

Besonderheiten: *Sitana ponticeriana* ernährt sich überwiegend von Termiten (65%), roten Ameisen (25%) und anderen kleinen Insekten.

Lit.: CHOPRA 1964, DERANIYAGALA 1953, RAO & RAJABAI 1972 a, b.

Thaumatorhynchus PARKER, 1924
Monotypische Gattung

Merkmale: Ähnlich wie bei *Harpesaurus* sind ein sichtbares Tympanum sowie ein hornähnlicher Schnauzenfortsatz vorhanden. Die kleineren Rückenschuppen sind jedoch rundlich.

Lebensweise: Vermutlich ähnlich wie *Harpesaurus* und *Ceratophora.*

Haltung: Da der Fundort in den Bergen liegt, scheint zunächst ein Nebelwaldterrarium angemessen zu sein, bis andere Erfahrungen vorliegen. Wahrscheinlich fressen die seltenen Agamen Insekten.

Verbreitung: Sumatra.

Thaumatorhynchus brooksi
PARKER, 1924

Beschreibung: ♂ KRL 60, SL 140 mm. Der Nackenkamm besteht aus 7 separat angeordneten, kleinen lanzenförmigen Schuppen, während der Dorsalkamm nur durch leicht vergrößerte Schuppen angedeutet wird. Ein kleiner Kehlsack ist erkennbar. Die Baumagamen zeigen überwiegend bräunliche Töne mit grünen Auflockerungen.

Fundort: Lebongtandai, Bez. Rejanglebong, Bengkulu, Sumatra.

Trapelus CUVIER, 1816
Ca. 11 Arten und 6 Unterarten

Merkmale: Ein etwas kugliger Kopf mit kleinem Tympanum erinnert an *Phrynocephalus.* Der Rumpf ist schwach dorsoventral abgeflacht und homogen oder heterogen beschuppt. Die dachziegelartigen Schwanzschuppen verlaufen in schrägen Reihen. Sie sind nicht in quersegmentierten Wirteln angeordnet. Die überwiegend graubraune Grundfarbe kann stark verändert werden. ♂♂ besitzen verhornte Praeanalschuppen und einen längeren Schwanz.

Lebensweise: *Trapelus*-Arten leben in Wüsten- und Steppengebieten mit unterschiedlichen Böden und spärlicher Vegetation. In manchen Gegenden kommen die Agamen noch in Höhen bis 1100 m vor.

Bei Gefahr flüchten sie in Erdlöcher, unter Pflanzenbüschel oder verlassen sich auf ihre Mimese. Den Hauptbestandteil der Nahrung bilden Insekten, aber es werden auch Pflanzenteile verzehrt.

Im Winter legen die Echsen eine mehr oder weniger lange Ruhepause ein.

Haltung: Ein Trockenterrarium mit den Maßen H ≧ 100, B ≧ 120, T ≧ 80 cm reicht für ein ♂♀ aus. Das Substrat aus Sand oder Sand/Lehmboden wird mit größeren Steinen, einem Kletterzweig und einigen Sukkulenten dekoriert. Der Temperaturbereich liegt am Tage zwischen 25 ° und lokal 40 °C, nachts etwa bei 20 °C.

Verbreitung: Die Gattung Trapelus kommt vom äußersten Südosten Europas entlang des Kaspischen Meeres bis Südwest-Asien (Pakistan) und südlich über Vorderasien, die Arabische Halbinsel bis nach Nordafrika (Ägypten bis Marokko) vor.

Trapelus sanguinolentus sanguinolentus

(PALLAS, 1814) Ⓖ **BArtSchV**
Steppenagame

Beschreibung: KRL ♂ 118, ♀ 118, SL ♂ 236, ♀ 178 mm, Schlüpflinge 29-38 mm KRL. Die einförmigen dachziegelartigen Dorsalia sind mit Kielen versehen, die zu einem Stachel auslaufen. ♂♂ besitzen 2 Reihen Praeanalporen. Ihre oft zeichnungslose Oberseite erscheint gelblichgrau. ♀♀ und Juvenile tragen helle ovale, dunkel eingefaßte Fleckenreihen auf dem Rücken. Neben einer intensiven Farbänderung bei Temperaturwechsel oder anderen äußeren Einflüssen zeigen ♂♂ zur Paarungszeit eine fast schwarzblaue hell gestreifte Kehle. Brust sowie Flanken werden intensiv dunkelviolett, die Gliedmaßen nehmen eine blaue und der Schwanz eine gelb-orange Querbänderung an. Rücken und Kopfoberseite färben sich hellgelb bis beige. Bei paarungsbereiten ♀♀ bilden sich auf der bläulich bis grünlichgelben Oberseite orange bis rostrote Rückenflecken.

Lebensraum und Verhalten: Die Bodenagamen bewohnen Steppen sowie Halbwüsten. In der Kraut- und Gestrüppvegetation klettern sie zuweilen herum. Sandige Böden werden bevorzugt, aber sie besiedeln auch Geröllfelder in Gebirgslagen und Kulturlandschaften. Teilweise bleibt ein ♂ ♀ über einen längeren Zeitraum zusammen und verteidigt

sein Revier. Von Oktober bis März (im Terrarium von November bis Januar) verkriechen sich die Tiere in Höhlen und Nagerbauten zur Winterruhe.
Fortpflanzung: Zwischen April und Juni paaren sich die Agamen. Pro Saison entwickeln sich 2-4 Gelege, mit jeweils 6-12 Eiern. Die Zeitigung beträgt 50-60 Tage. Die Jungtiere müssen in kleinen Gruppen oder einzeln aufgezogen werden, da sie sehr aggressiv sind. Sie erreichen bereits nach einem Jahr die Geschlechtsreife.
Besonderheiten: Leider sind Steppenagamen in Zimmerterrarien immer etwas heikel. Daher sollten sie nur gehalten werden, wenn Freilandterrarien zur Verfügung stehen. Dabei ist zu beachten, daß auch ♀♀ eigene Reviere beanspruchen.
Verbreitung: *Trapelus sanguinolentus aralensis* - Gebiet am Aralsee; *Trapelus sanguinolentus sanguinolentus* - Vom östlichen Kaukasus über Kasachstan und ganz Mittelasien bis nach Nordwest-China, südliche Grenze durch Nordwest-Iran und Nordafghanistan.

Tympanocryptis PETERS, 1863
Taubagamen - 10 Arten und 5 Unterarten

Merkmale: Bei 5 Arten fehlt das Tympanum, bei den anderen 5 liegt es mehr oder weniger unter Schuppen verborgen. Die kleinen stumpfschnäuzigen Bodenagamen besitzen einen kurzen Schwanz und von allen australischen Agamen die kürzesten Beine. Rücken- oder Nackenkämme fehlen. Der dorsoventral abgeflachte Körper zeigt oft mimetische Färbungen mit dunklen sowie hellen Flecken und/oder Streifen. Im Gegensatz zu den manchmal einfarbigen ♀♀ erscheinen die Farben und Muster der ♂♂ kräftiger. ♂ weisen mehr oder weniger ausgeprägte Hemipenistaschen auf, einige Arten auch eine dunkle Bauchzeichnung.
Lebensweise: *Tympanocryptis*-Arten bewohnen Stein- und Sandwüsten sowie offene Wald- und Buschlandschaften mit felsigen oder mit Steinen durchsetzten Böden. Richtig aktiv werden die Agamen erst bei hohen Temperaturen. Während ♀♀ schwer zu entdecken sind, sitzen ♂♂ oft auf exponierten Stellen. Bei Gefahr verschwinden sie in Spalten unter Steinen oder in Erdlöchern, andere bleiben ruhig sitzen und vertrauen auf ihre Tarnung. Sie ernähren sich von kleineren Insekten. Einige Arten bevorzugen Ameisen.
Haltung: Für ein ♂ ♀ reicht ein Trockenterrarium (H $\geqq$ 60, B $\geqq$ 80, T $\geqq$ 50 cm) mit lehmhaltigem

Sand, kleineren und größeren Steinen sowie einem knorrigen Ast. Als Beikost sollten gelegentlich Pflanzenteile gereicht werden.
Verbreitung: Australien.

Tympanocryptis lineata lineata
PETERS, 1863

Beschreibung: ♂♀ KRL 68, SL 92 mm. ♂♂ erscheinen grau, braun oder orangebraun und zeichnen sich durch helle Vertebral- und Dorsolateralstreifen aus, die von Querbändern oder Flecken unterbrochen sein können. Die Bauchseite ist dunkel gemustert. ♀♀ sind einfarbig gefärbt mit schwach angedeuteten Längsstreifen und einem deutlich quergebänderten Schwanz.
Lebensraum und Verhalten: Diese Unterart bewohnt Gebiete mit offener Vegetation und steinigen Böden.
Fortpflanzung: Wenig bekannt, 9-11 Eier.
Besonderheiten: Im Terrarium verlieren die Agamen rasch ihre Scheu.
Verbreitung: *Tympanocryptis lineata centralis* - Zentral-Australien; *Tympanocryptis lineata houstoni* – Nullarbor Ebene; *Tympanocryptis lineata macra* - trockene Areale von Kimberley und Nordterritorium; *Tympanocryptis lineata pinguicolla* - Umgebung von Melbourne; *Tympanocryptis lineata lineata* - restliches zentrales Australien.

Uromastyx MERREM,1820 Ⓖ WA II und EGC 2
Dornschwanzechsen, 14 Arten, 6 Unterarten

Merkmale: Charakteristisch ist der mit spitzen Wirteln versehene kurze Schwanz sowie ein stark abgeflachter Körper mit kurzen kräftigen Gliedmaßen. Der deutlich vom Hals abgesetzte kehlsacklose Kopf trägt ein sichtbares Tympanum und eine Kehlfalte. Praeanal- und Femoralporen können vorhanden sein oder fehlen.
Lebensweise: Dornschwanzechsen leben in Sand-, Geröll- und Steppengebieten mit spärlicher Vegetation. Sie sind hochgradig auf sehr trockene Habitate spezialisiert. Zumindest einige Arten resorbieren Wasser aus ihren Ausscheidungen und/oder nutzen das durch Verbrennung der Fettreserven des Schwanzes gewonnene Wasser. Bei Gefahr und nachts verschwinden die Agamen in Felsspalten oder kriechen durch tiefe selbstgegrabene Gänge zu einer kleinen Wohnhöhle. Während Adulti fast ausschließlich von

pflanzlicher Kost leben, verzehren Jungtiere auch Insekten. Nördliche Arten legen eine Winterruhe ein.

Haltung: Für ein ♂ und 2 ♀♀ eignet sich ein Trockenterrarium (H ≧ 100, B ≧ 150, T ≧ 80 cm) mit einer 50-80 cm hohen Bodenschicht aus Sand und Lehm. Einige gut miteinander befestigte Steinplatten vervollständigen die Inneneinrichtung. Erforderlich sind hohe Tagestemperaturen von 25 ° bis lokal 50 °C mit einer nächtlichen Absenkung auf 20-24 °C. Eine Trinkschale ist nicht notwendig, da das benötigte Wasser über die Nahrung aufgenommen wird. Nur der Unterschlupf sollte durch Besprühen leicht feucht gehalten werden. Die Witterungsverhältnisse des Herkunftsgebietes (Klimatabellen) sollten nach Möglichkeit nachempfunden und die Nahrung entsprechend angepaßt werden: z. B. Blattgemüse, Gewürzpflanzen, gelbe und rote Blüten oder Apfelstücke nur während oder kurz nach den Regenperioden anbieten, in der Trockenzeit dagegen nur trockene Blätter, Samen und Hülsenfrüchte reichen.

Besonderheiten: Die Eier dürfen während der Zeitigung nur ganz leicht feucht gehalten werden.

Verbreitung: Von Marokko bis Ägypten über die Arabische Halbinsel bis zum nordwestlichen Vorderindien, nach Süden über den Sudan bis Somalia.

Bemerkung: Einige Wissenschaftler betrachten die Gattungen *Uromastyx* und *Leiolepis* als eigenständige Familie Uromastycidae.

Uromastyx acanthinurus acanthinurus

(BELL, 1825)
Veränderlicher Dornschwanz

Beschreibung: ♂ KRL 220, SL 183 mm, ♀ bleiben etwas kleiner, Schlüpflinge 69-78 mm GL. Der mit 17-20 kräftigen dornigen Wirtelreihen besetzte Schwanz ist ebenso stark dorsoventral abgeflacht wie der faltige Rumpf. Die Grundfärbung nuanciert von hell- über dunkelgrau bis bräunlich und ist mehr oder weniger dunkel gefleckt, marmoriert oder genetzt. Dabei können Kopf, Beine sowie Bauchseite auch schwarz erscheinen. Bei hohen Temperaturen färbt sich der Rücken hell- bis dunkelgrün oder gelb bis orange. Häufig erkennt man ♂♂ nur an ihren mitunter rötlichen Köpfen, da die Hemipenistaschen nur schwach ausgeprägt sind. Ihre Praeanalporen sind während der Balz vergrößert.

Lebensraum und Verhalten: *Uro-*

Uromastyx acanthinurus im Porträt.

mastyx acanthinurus acanthinurus besiedeln vegetationsarme Sand- und Geröllgebiete der Hochtäler und -ebenen, aber auch Oasen und Inselberge in der Wüste, wo der Morgentau einen spärlichen Bewuchs ermöglicht. Bei Gefahr schlüpfen sie in ihre selbstgegrabenen Höhlen oder in Felsspalten, verkeilen sich dort durch Aufblähen des Körpers und verteidigen sich mit Schwanzschlägen. Besonders zur Paarungszeit markieren ♂♂ ihr Revier durch einen sogenannten Kreiseltanz.

Fortpflanzung: Nach einer Winterruhe (Mitte November bis Mitte Februar) bei 12-18 °C oder Zimmertemperatur beginnen ca. einen Monat später die Paarungen. Häufig vergraben ♀♀ ihre 5-16 Eier (20x36 mm) unter einer Steinplatte. Nach 86-123 Tagen schlüpfen die Jungtiere, die erstmalig nach 2-5 Tagen Nahrung zu sich nehmen.

Besonderheiten: Die Echsen werden schnell zutraulich, können aber durch das Graben den Pfleger zur Verzweiflung bringen.

Verbreitung: *Uromastyx acanthinurus acanthinurus* - Nordwestafrika; *Uromastyx acanthinurus dispar* - Sudan; *Uromastyx acanthinurus flavifasciatus* - Senegal; *Uromastyx acanthinurus geyri* - Hoggar- und Ahaggar-Berge, Zentral Sahara; *Uromastyx acanthinurus nigerrimus* - Süden der algerischen Sahara; *Uromastyx acanthinurus werneri* - Westl. Algerien bis Marokko.

Lit.: ORTNER 1989 a, b

Uromastyx acanthinurus werden im Terrarium schnell zutraulich.

Uromastyx hardwickii
GRAY, 1827
Indischer Dornschwanz

Beschreibung: KRL ♂ 168-240, ♀ 145-207, SL ♂ 130-200, ♀ kleiner. Indische Dornschwänze sind an dem kleinen kugeligen Kopf leicht zu erkennen. Ihre Färbung variiert von khaki und bräunlich bis sandfarben, teilweise mit dunklem feinem Netzwerk. Ein schwarzer Fleck sitzt vor dem Oberschenkel. Der Bauch erscheint heller und die Kehle weist dunkle Flecken auf. Einige Populationen tragen türkisblaue Stachelschuppen auf der Oberseite der 10 vorderen Schwanzsegmente. Der Körper der bräunlichen Jungtiere ist mit schwarzen Punkten übersät, während Kopf und Schulter weiß gesprenkelt sind.

Lebensraum und Verhalten: Die Agamen bewohnen flache Wüsten und steppenähnliche Gelände mit buschförmigen Euphorbien, Nachtschattengewächse und Trokkengräsern. In einigen Gebieten leben sie in Kolonien von 50-100

Individuen. Jedes Tier gräbt sich in den lehmig-sandigen mit Steingeröll durchsetzten Boden einen schräg nach unten führenden Unterschlupf bis zu einer Tiefe von 76 cm. Die meist einmal abgewinkelten halbrunden Gänge enden nach 60-125 cm in einer keulenförmigen Ausbuchtung, die nie Kot oder Nahrungsreste enthält. Sofern der Himmel nicht völlig bedeckt ist, verlassen die Agamen ihre Wohnhöhle 2 Stunden nach Sonnenaufgang und suchen sie erst wieder 1 Stunde vor dem Untergang auf. Von November bis Februar überwintern sie darin.

Fortpflanzung: Kurz nach der Winterruhe beginnt im März die Paarungszeit. Ende April bis Juni legen ♀♀ ihre 25-30 mm langen

Uromastyx hardwickii.

ovalen Eier (8-14 Stück). Die ersten Jungtiere schlüpfen Ende Juni.

Verbreitung: 0-450 m, Pakistan sowie die indischen Provinzen Uttar Pradesh, Rajastan und Gujarat.

Lit.: MINTON 1966, SCHRÖDER 1965.

Xenagama LOVERIDGE, 1942
2 Arten

Merkmale: Der extrem kurze, mit kräftigen Wirtelschuppen besetzte Schwanz ist unter den Agamen einzigartig. An der Basis zeigt er eine stark verbreiterte flache Form, während die hintere Hälfte rundlich und sehr dünn erscheint. Die kleinen Bodenagamen besitzen einen dorsoventral abgeflachten Körper und Kopf mit sichtbarem Tympanum sowie einer Kehlfalte.

Lebensweise: Nicht bekannt.

Verbreitung: Somalia.

Kurzdarstellung

Xenagama batillifera, (Vaillant, 1882)
KRL 65, SL 30 mm (breites Schwanzteil 15 mm). Kurze Beine. Kleine Dorsalia vermischt mit größeren. Hell mit dunklen Querbändern. Kehle mit Netzmuster.

Abkürzungen und Glossar

♂, ♂♂ - Männchen, mehrere Männchen
♀, ♀♀ - Weibchen, mehrere Weibchen
♂ ♀ - Pärchen
∅ - durchschnittlich oder Durchmesser
Ⓖ - Geschützte Art
BArtSchV - Bundes-Artenschutz-Verordnung
EG C 2 - Verordnung (EWG) Nr. 3626/82, Anhang C 2
GL - Gesamtlänge (KRL + SL)
KRL - Kopf-Rumpf-Länge (Schnauzenspitze bis Analspalte)
Lit. - Literatur: ULBER et al 1989
SL - Schwanzlänge (Analspalte bis Schwanzende)
WA II - Washingtoner Artenschutzabkommen, Anhang II

adult - geschlechtsreif, erwachsen
Adultus (Pl. Adulti) - geschlechtsreifes Exemplar
Amphigonia retarda - ♀♀ besitzen die Fähigkeit, den männlichen Samen über längere Zeiträume zu speichern und befruchtungsfähig zu halten.
arborial - in der Umgebung von Bäumen lebend
arboricol - auf Bäumen lebend
arid - trocken
Biotop - Lebensraum, einschließlich der klimatischen Verhältnisse, Pflanzen, Tiere, Flüsse usw.
biped = bipedisch - zweibeiniges Laufen
caudal - den Schwanz betreffend
dipterocarpus - mit zweiflügeligen Früchten
dorsal - den Rücken betreffend
Dorsalia - Rückenschuppen
Femoralporen - Schenkelporen
Genus (Pl. Genera) - Gattung
Habitat - Wohngebiet einer Art
Habitus - Aussehen, äußeres Erscheinungsbild
Hemipenes - paariges Begattungsorgan männlicher Reptilien
heterogen - uneinheitlich, aus Ungleichartigem zusammengesetzt
homogen - gleichartig, gleichmäßig aufgebaut
inc. sed. - unsichere Zuordnung
inhomogen - nicht gleichartig
Inkubationsdauer - Entwicklungsdauer der Eier
juvenil - jugendlich
Kopulation - Paarung

lateral - die Seiten (Flanken) betreffend
Lateralia - Seitenschuppen
mimetisch - die Mimese betreffend, u. a. Farbanpassung an die Umgebung
monotypisch - nur eine Art pro übergeordnetem Rang
Ocelle - runder Fleck mit einem hellen/dunklen Kern und einem hellen/dunklen Rand
Population - Fortpflanzungsgemeinschaft eines definierten Gebietes
Praeanalporen - Poren vor der Analspalte
Sexualdimorphismus - unterschiedliche Gestalt oder Färbung von ♂ und ♀ einer Art
Species (sp.) - Art
Subspecies (ssp.) - Unterart
Tympanum - Trommelfell
Typusexemplar - Belegexemplar, nach dem eine Art beschrieben wurde
ventral - den Bauch betreffend
Ventralia - Bauchschuppen
vertebral - die Rückenmittellinie betreffend
wirtelförmig - quirlförmig
Zeitigungsdauer - Entwicklungsdauer der Eier

Bildquellennachweis:

Eidenmüller: Seite 23, 50, 97, 99
Forman: Seite 104, 109
Großmann: Seite 21, 22, 45, 69, 71 oben, 111
Heselhaus: Seite 35 unten, 67, 90, 91, Umschlagrückseite
Jakob: Seite 98 unten
Kielmann: Seite 7, 41
Manning: Seite 71 unten, 94, 95
Nabhitabhata: Seite 103
Schmidt, M.: Seite 68
Schmidt, W.: Seite 79, 110
Schuster: Seite 84, 98 oben
Steidel: Seite 21, 22
Vogel: Seite 19 rechts
Zernikow: Seite 75
Alle anderen Fotos: Manthey

Literatur

ABRAHAM, G. (1983): Terrarienbau und Gestaltung - Deko-Felsen im Eigenbau. - SAURIA, Berlin, **5** (3): 29-32.

ANNANDALE, N. (1912): Eggs and young of the lizard *Calotes nigrilabris.* - Spolia Zeylanica, Colombo, **24** (3): 135-136.

AX, P. (1984): Das Phylogenetische Syste. - Stuttgart, New York (G. Fischer), 349 S.

BADHAM, J.A. (1976): The *Amphibolurus barbatus* species-group. - Austr. J. Zool., **24:** 424-443.

BEUTLER, A. (1981) IN BÖHME, W.: Handbuch der Reptilien und Amphibien Europas. - Wiesbaden (Akad. Verlagsges.), 520 S.

BÖHME, W. (1989): Rediscovery of the Sumatran agamid lizard *Harpesaurus beccarii* DORIA 1988, with the first notes on a live specimen. - Tropical Zool., **2:** 31-35

BOSCH, H. (1991): Erkrankungen von Leguanen, Vorbeugung und Behandlung. IN: BOSCH, H. & H. WERNING: Leguane. - Münster (Herp. Fachverlag), 14-26.

BUSTARD, H.R. (1966): Notes on eggs, incubation and young of the Bearded Dragon; *Amphibolurus barbatus barbatus.* - Brit. J. Herpet., **3** (10): 252-259.

CHOPRA, R.N. (1964): Observation on the egg-laying of the fanthroated lizard. *Sitana ponticeriana* CUVIER. - J. Bombay Nat.Hist.So., **61** (1): 190-191, 2 pls.

DANIEL, J.C. (1983): The Book of Indian Reptiles. - Bombay (Oxford University Press), 141 s.

DEDEKIND, K. & H.-G. PETZOLD (1982): Zur Haltung und Nachzucht der hinterindischen Wasseragame (*Physignatus cocincinus* (CUVIER, 1829)) im Tierpark Berlin. - Zool. Garten N.F., Jena, **52** (1): 29-45, 15 Abb.

DERANIYAGALA, P.E.P. (1953): A colored atlas of some vertebrates from Ceylon. Vol. II: Tetrapod reptilia. - Colombo (Ceylon Gov. Press), i-xii, pls. I.XI, 1-35, 44figs., 100 s.

EHMANN, H. (1992): Encyclopedia of Australian Animals - Reptiles. - Australia (Angus & Robertson), 495 s.

ENGELMANN, W.-E., F. FRITSCHE, R. GÜNTHER & F. J. OBST (1985): Lurche und Kriechtiere Europas. - Radebeul (Neumann), 420 S.

ERDELEN, W. (1984): The genus *Calotes* (Sauria, Agamidae) in Sri Lanka distribution patterns. - J. et Biogeography, **11:** 515-525.

GAULKE, M. (1989): Einige Bemerkungen über die philippinische Segelechse *Hydrosaurus pustulatus* (ESCHSCHOLZ, 1829). - herpetofauna, Weinstadt, **11** (62): 6-12.

HIELSCHER, M. (1989): Haltung und Nachzucht der australischen Zwergbartagame *Pogona minima.* - elaphe **11** (2): 21-24.

HOUSTON, T.F. (1974): Revision of the *Amphibolurus decresii*-complex in South Australia. - Trans. Roy Soc. S. Aust. **98** (2): 49-60.

INGER, R.F. (1983a): Morphological and ecological variation in the flying lizards (Genus *Draco*). - Fieldiana Zool., Chicago, new ser. **18:** 1-35.

IPPEN, R., H.-D. SCHRÖDER & K. ELZE (1985): Handbuch der Zootierkrankheiten. Bd. 1 Reptilien. - Berlin (Akademie-Verlag), 432 S.

JAMDAR, N. (1985): A note on the habits and breeding of the lizard *Japalura major* (JERDON). - J. Bombay Nat. Hist. Soc., **82:** 420-421.

JOHNSTON, G.R. (1979): The eggs, incubation and young of the Bearded Dragon *Amphibolurus vitticeps.* - Herpetofauna, Vic., **11** (1): 5-8.

KÄSTLE, W. (1966): Beobachtungen an ceylonesischen Taubagamen (*Cophotis ceylanica*). - Salamandra, Frankfurt/M., **2** (3): 78-87, 11 Abb.

KIEHLMANN, D. (1980): Über die Lyrakopfagamen, *Lyriocephalus scutatus* (LINNAEUS, 1758). - herpetofauna, Ludwigsburg, **2** (8): 12-120, 5 Abb.

KING, W. (1981): A new bornean lizard of the genus *Harpesaurus.* - Sarawak Mus.J., Kuching, **30?:** 205-209, 1 fig.

KLAGE, H. G. (1982): Pflege und Nachzucht der australischen Bodenagame *Amphibolurus nuchalis.* - Salamandra, Frankfurt/M., **18** (1/2): 65-70.

KOPSTEIN, F. (Jahr ?): Zoologische Tropenreise. Mit Kamera und Feldstecher durch die Indo-Australische Tierwelt. - (G. Kolff & Co.), Batavia, 163. S.

- (1938): Ein Beitrag zur Eierkunde und Fortpflanzung der malaiischen Reptilien. - Bull. Raffles Mus., Singapore, **14:** 81-167, 22 Abb., 75 figs.

KRASULA, K. (1988): Haltung und Zucht der Segelechse *Hydrosaurus pustulatus.* - herpetofauna, Weinstadt, **10** (53): 30-34, 6 Abb.

LAZELL, J. (1992): New Flying Lizards and Predictive biogeography of Two Asian Archipelagos. - Bull. Mus. Com. Zool., Cambridge, **152** (9): 475-505.

LEVITON, A.E., S. C. ANDERSON, K. ADLER & F. A.MINTON (1992): Handbook to Middle East. Constribution to herpetology, New York, Nr. **8:** 1-252.

MANING, A. (1991): Notes on the nesting, incubation and hatching of the southern angle-headed dragon, *Hypsilurus spinipes* (Squamata, Agamidae). - Herpetofauna, **21** (2): 15-19.

MANNING, A. & H. EHMANN (1991): A study of the activity and behaviour of the southern angle-headed dragon using the spool tracking technique. - Herpetofauna, **21** (1): 5-14

MANTHEY, U. (1979): Terrarienbau und -gestaltung. - Planung. - SAURIA, Berlin, **2** (1): 26-30.

- (1980a): dto. - Be- und Entlüftung. - SAURIA, Berlin, **2** (2): 23-27.

- (1980b): dto. - Sonnenstrahlung und künstliche Beleuchtung. - SAURIA, Berlin, **2** (3): 25-32.

- (1980c): dto. - Künstliche Beleuchtung der Terrarien. - SAURIA, Berlin, **2** (4): 7-10.

- (1981a): dto. - Speziallampen. - SAURIA, Berlin, **3** (1): 27-34.

- (1981b): dto. - Terrarienheizung. - SAURIA, Berlin, **3** (2): 12-14.

- (1981c): dto. - Stromkosten und -stärke. - SAURIA, Berlin, **3** (3): 33-34.

- (1981d): dto. - Energiesparmaßnahmen. - SAURIA, Berlin, **3** (4): 29-34.

- (1982): dto. - Heizen mit der vorhandenen Beleuchtungseinrichtung. - SAURIA, Berlin, **4** (1): 31-33.

- (1983): dto. - Bau verschiedener Terrarientypen. - SAURIA, Berlin, **5** (3): 21-28.

MANTHEY, U. & W. DENZER (1982): Exkursion am Mt. Kinabalu 4100 m, Nord-Borneo. Teil 2: Herpetologische Eindrücke. - herpetofauna, Weinstadt, **4** (21): 11-19, 12 Abb.

MANTHEY, U. (1985a): *Calotes versicolor* (DAUDIN). - SAURIA, Berlin, **7** (1): Amph. Rept. Kartei: 3-6, 8 Abb.

- (1985b): *Otocryptis wiegmanni* WAGLER. - SAURIA, Berlin, **7** (2): Amph. Rept. Kartei: 11-12, 4 Abb.

- (1990): *Harpesaurus beccarii* DORIA. - SAURIA, Berlin, **12** (3): 1-2, 1 Abb.

MANTHEY, U. & W. DENZER (1991a): Die Echten Winkelkopfagamen der Gattung *Gonocephalus* KAUP (Sauria: Agamidae). I. Die *megalepis*-Gruppe mit *Gonocephalus lacunosus* sp.n. aus Nord-Sumatra. - SAURIA, Berlin, **13** (1): 3-10.

- (1991b): dto. II. Allgemeine Angaben zur Biologie und Terraristik. - SAURIA, Berlin, **13** (2): 19-22.

- (1991c): dto. III. *Gonocephalus grandis* (GRAY, 1845). - SAURIA, Berlin, **13** (3): 3-10, 5 Abb.

MANTHEY, U. & J. NABHITABHATA (1991): Eine neue Agame, *Ptyctolaemus phuwuanensis* sp.n. (Sauria: Agamidae) aus Nordost-Thailand. - SAURIA, Berlin, **13** (4): 3-6.

MANTHEY, U. & W. DENZER (1992a): Die Echten Winkelkopfagamen der Gattung *Gonocephalus* KAUP (Sauria: Agamidae) IV. *Gonocephalus mjoebergi* SMITH, 1925 und *Gonocephalus robinsonii* BOULENGER, 1908. - SAURIA, Berlin, **14** (1): 15-19, 6 Abb.

- (1992b): dto. V. Die *bellii*-Gruppe. - SAURIA, Berlin, **14** (3): - 20, 10 Abb.

- (1992c): dto. VI. Die *chamaeleontinus*-Gruppe. - SAURIA, Berlin, **14** (4): in Vorbereitung

MATT, F. von (1984): Zimmergewächshaus- und Pflanzenvitrinenbau. - Frankfurt/M. (Dt. Bromelienges. e. V.), 201 S.

MAYR, E. (1975): Grundlagen der zoologischen Systematik. - Hamburg/Berlin (Paul Parey), 370 S.

McCOY, M. (1980): Reptiles of the Solomon Islandse. - Wau Ecology Institut, Papua New Guinea, Handbook no. 7, 80 pp., 20 pls.

MELL, R. (1952): Bodenrenner im subtropischen Bergwald - Der Nackenstachler (*Gonocephalus lepidogaster*). Aquar. Terr.-Zeitschr., Stutgart, **5** (6): 160-163.

MINTON, S.A. Jr. (1966): A constribution to the Herpetology of West Pakistan. - Bull. Mus. Nat. Hist., New York, **134** (2): 29-134, 36 pls.

MOODY, S.M. (1980): Phylogenetic and historical biogeographical relationship of the genera in the family Agamidae (Reptilia: Lacertilia). - Ph.D. Thesis, University of Michigan at Ann Arbour., 373 s.

MUSTERS, C.J.M. (1983): Taxonomy of the genus *Draco L.* (Agamidae, Lacertilia, Reptilia). - Zool. Verh. Leiden, **199:** 1-120, 4 Abb., 29 figs.

ORTNER, A. (1989a): Pflegebedingungen und Nachzucht der Nordafrikanischen Dorntschwanzagame (Uromastyx acanthinurus BELL, 1825. - herpetofauna, Weinstadt **11** (59): 11-16.

- (1989b): Wiederholte Nachzucht der Nordafrikanischen Dornschwanzagame (Uromastyx acanthinurus BELL 1825). - herpetofauna, Weinstadt, **11** (63): 20-21.

OTA, H. (1991): Systematics and biogeography of terrestrial reptiles of Taiwan. - Proc.First Int.Symp.Wildlife Cons. ROC., Taipei, 47-112.

PETERS, G. (1971): Die intragenerischen Gruppen und die Phylogenese der Schmetterlingsagamen (Agamidae: Leiolepis). - Zool.Jb.Syst., Jena, **98:** 11-130.

- (1984): Die Krötenkopfagamen Zentralasiens (Agamidae: *Phrynocephalus*). - Mitt.zool.Mus. Berlin, **60** (1): 23-67.

PIANKA, E.R. (1971): Notes on the biology of *Amphibolurus cristatus* and *Amphibolurus scutulatus.* - W. Aust. Nat., 12: 36-41.

PFLUGMACHER, S. (1984): Haltung und Zucht der Australischen Bartagame *Amphibolurus vitticeps* LOVERIDGE, 1934. - SAURIA, Berlin, **6** (3): 9-11.

POPE, C.H. (1935): The reptiles of China. Natural History of Central Asia Vol. 10. - New York (Amer. Mus.Nat.Hist.) lii + 603 s., 27 Abb., 1 Karte.

PRINZ, H. & T. PRINZ (1986): Beobachtungen an der Lyrakopfagame (*Lyriocephalus scutatus*), ihre Haltung und Aufzucht. - herpetofauna, Weinstadt, **8** (43): 28-34, 4 Abb.

RAO, M.V.S & B.S. RAJABAI (1972a): Reproduction in the ground lizard, *Sitana ponticeriana* and the garden lizard, *Calotes nemoricola.* - Brit.J.Herp., **4** (10): 245-250.

- (1972b): Ecological aspects of the agamid lizards *Sitana ponticeriana* and *Calotes nemoricola* in India. Herpetologica, **28** (3): 285-289.

REISINGER MANUSKRIPT FEHLT !!!

ROOIJ, N. de (1915): The reptiles of the Indo-Australian Archipelago. I. Lacertilia, Chelonia, Emydosauria. - Leiden (E.J.Brill), xiv + 384 s., 132 figs.

SCHRÖDER, W. (1965): Über die Lebensweise des Indischen Dornschwanzes. - Sitz.Ber.Ges.Naturf. Freunde Berlin, n.F. 4 (2): 39-43.

SENANAYAKE, F.R. (1979): Notes on the lizards of the genus *Ceratophora.* - Loris, Colombo, 15 (1): 18-19.

SENGOKU, S. (1979): Amphibien und Reptilien in Farbe. - 206 S. (in jap.)

SMITH, J. (1979): Notes on Incubation and hatching of eggs of the eastern Water Dragon. - Herpetofauna, **10** (2): 12-14.

SMITH, M.A. (1935): The fauna of British India, Ceylon and Burma. Reptilia and Amphibia. Vol. II Sauria. - London (Taylor & Francis), xiii + 440 s., 94 figs.

STEIOF, C., U. MANTHEY & W. DENZER (1991): *Acanthosaura armata* (HARDWICKE & GRAY). - Sauria Supp., Berlin, **13** (1-4): 217-22, 7 Abb.

STEIJNEGER, L. (1907): Herpetology of Japan and adjacent territory. - Bull.U.S.Nat.Mus., **58:** xx + 577 s., 35 Abb., 170 figs.

TAYLOR, E.H. (1922b): The lizards of the Philippine Islands. - Manila (Bureau of Printing), 269 s., 23 Abb.

TAYLOR, E.H. (1922-1925): Addition to the herpetological fauna of the Philippine Islands. - Manila (Bureau of Printing), I. 161-206, 7 Abb. - II. 257-303, 4 Abb. - III. 515-55, 3 Abb., - IV. 97-111.

TAYLOR, E.H. (1951): Egg-laying behaviour of an Oriental agamid lizard. - Herpetologica, **7** (2): 59-60.

TAYLOR, E.H. (1963): The lizards of Thailand. - Kans.Univ.Sci.Bull., Lawrence, **44:** 687-1077.

TOMEY, W.A. (1983a): Von Stachelnasen, Stumpfnasen und Spitznasen - Agamen von Sri Lanka (Ceylon) (I). - Das Aquarium, **167:** 268-272.

- (1983b): dto., (Ii). - Das Aquarium, **168:** 321-326

ULBER, T., W. GROSSMANN, J. BEUTELSCHIESS & C. BEUTELSCHIESS (1989): Terraristisch/Herpetologisches Fachwörterbuch. - Berlin (Terrariengemeinschaft Bln. e.V.), 176 S.

VISSER, G. (1984): Husbandry and reproduction of the Sail-Tailed lizard, *Hydosaurus amboinensis* (SCHLOSSER, 1768) (Reptilia: Saruai: Agamidae), at Rotterdam Zoo. - Acta Zool.Path., Antverpen, **78:** 129-148.

WEGNER, U. (1990): Kaukasusagamen (*Stellio caucasia* EICHWALD, 1831) im Terrarium. - SAURIA, Berlin, **12** (2): 7-9.

WERMUTH, H. (1967): Liste der rezenten Amphibien und Reptilien: Agamidae. - Das Tierreich, Berlin, **86:** xiv + 127 S.

Artenregister